G. Vijayakumar
G. Praveena
K. Umamaheswari

Olhos da máquina: desvendando a visão computacional

G. Vijayakumar
G. Praveena
K. Umamaheswari

Olhos da máquina: desvendando a visão computacional

Processamento de imagens,Geometria projectiva 2-D, homografia e propriedades da homografia,Geometria de câmaras

ScienciaScripts

Imprint

Any brand names and product names mentioned in this book are subject to trademark, brand or patent protection and are trademarks or registered trademarks of their respective holders. The use of brand names, product names, common names, trade names, product descriptions etc. even without a particular marking in this work is in no way to be construed to mean that such names may be regarded as unrestricted in respect of trademark and brand protection legislation and could thus be used by anyone.

Cover image: www.ingimage.com

This book is a translation from the original published under ISBN 978-620-6-77910-0.

Publisher:
Sciencia Scripts
is a trademark of
Dodo Books Indian Ocean Ltd. and OmniScriptum S.R.L publishing group

120 High Road, East Finchley, London, N2 9ED, United Kingdom
Str. Armeneasca 28/1, office 1, Chisinau MD-2012, Republic of Moldova, Europe
Printed at: see last page
ISBN: 978-620-6-47947-5

OS OLHOS DA MÁQUINA: DESVENDANDO A VISÃO COMPUTACIONAL

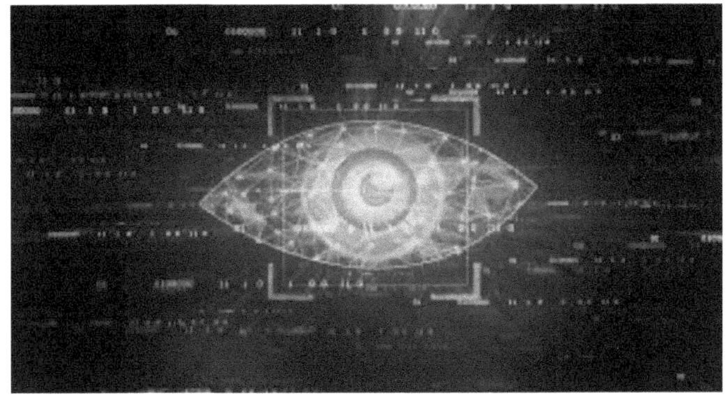

Índice

CAPÍTULO 1

FUNDAMENTOS DO PROCESSAMENTO DE IMAGENS

Introdução

- Breve panorâmica do que é o processamento de imagens e da sua importância em vários domínios.
- Explicação do modo como as técnicas de processamento de imagem melhoram e manipulam as imagens para diferentes objectivos.

1.1 Representação de imagens

- Discussão de diferentes formatos de imagem (por exemplo, bitmap, JPEG, PNG) e suas características.

Os formatos de imagem são componentes essenciais da visão por computador e do processamento de imagem, possuindo cada um deles características distintas que influenciam a sua aplicabilidade em vários cenários. O formato Bitmap (BMP) destaca-se pela sua natureza não comprimida, armazenando pixéis individuais para uma fidelidade de imagem sem paralelo, embora resulte em ficheiros de maiores dimensões. Por outro lado, o formato JPEG (Joint Photographic Experts Group) emprega uma compressão com perdas, facilitando uma redução significativa do tamanho dos ficheiros, mas introduzindo alguma perda de detalhes da imagem. O formato Portable Network Graphics (PNG) é excelente na manutenção da qualidade da imagem sem perdas, suportando transparência e uma melhor compressão do que o BMP. O Graphics Interchange Format (GIF) emprega compressão sem perdas e é amplamente utilizado para animações e gráficos simples. O formato Tagged Image File Format (TIFF) oferece versatilidade, suportando compressão com e sem perdas, profundidades de bits elevadas e várias camadas, o que o torna ideal para fotografia profissional e digitalização de documentos. O moderno formato WebP, desenvolvido pela Google, combina técnicas com e sem perdas para gráficos Web eficientes. Além disso, o formato de imagem de alta eficiência (HEIF/HEIC) integra de forma inovadora vários tipos de suportes num único ficheiro, utilizando métodos de compressão avançados para uma qualidade superior e tamanhos de ficheiro reduzidos. Assim, a seleção do formato de imagem adequado envolve uma cuidadosa consideração de factores como a qualidade da imagem, a compressão e a compatibilidade para satisfazer as necessidades específicas das tarefas de visão por computador e de processamento de imagem.

- Introdução aos espaços de cor (RGB, CMYK, HSV) e sua relevância no processamento de imagens.

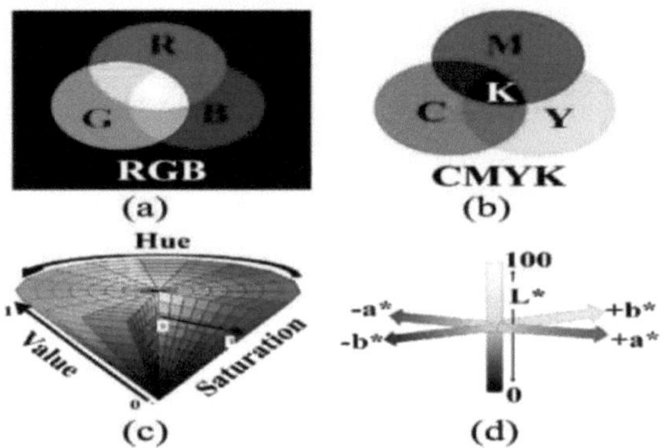

Os espaços de cor são conceitos fundamentais no processamento de imagens que nos permitem representar e manipular as cores de uma forma que se alinha com a perceção humana. Diferentes espaços de cor fornecem formas distintas de codificar a informação de cor, cada uma com as suas próprias vantagens e relevância em várias tarefas de processamento de imagem. Neste contexto, os espaços de cor RGB, CMYK e HSV destacam-se como representações cruciais, cada uma servindo objectivos e aplicações específicos.

O espaço de cor RGB, que significa Vermelho, Verde e Azul, é a representação mais comum e intuitiva. Reflecte a forma como as cores são produzidas em ecrãs electrónicos através da mistura de intensidades variáveis destas três cores primárias. O RGB é amplamente utilizado em câmaras digitais, monitores de computador e ecrãs. As técnicas de processamento de imagens no espaço RGB envolvem frequentemente tarefas como o melhoramento, a manipulação e a visualização de imagens.

Em contrapartida, o espaço de cor CMYK é particularmente importante no domínio dos meios de impressão. Representa as cores utilizando os canais Ciano, Magenta, Amarelo e Preto (Chave). O CMYK foi concebido para imitar a mistura subtractiva de cores utilizada nos processos de impressão, em que as cores são subtraídas da luz branca para produzir as cores pretendidas. Este espaço de cor é vital para tarefas como a conceção de brochuras, cartazes e outros materiais impressos, onde a representação exacta das cores é essencial.

O espaço de cor HSV, que significa Matiz, Saturação e Valor (ou Brilho), oferece uma representação alternativa que se aproxima mais da forma como os humanos percepcionam as cores. A tonalidade representa a cor dominante, a saturação mede a intensidade ou vivacidade da cor e o valor capta o brilho da cor. O HSV é valioso para tarefas como a deteção de objectos com base na cor, a segmentação de imagens e a correção de cores, uma vez que simplifica o processo de isolamento e manipulação de cores específicas.

A relevância destes espaços de cor reside na sua capacidade de facilitar tarefas específicas de processamento de imagem. O RGB é excelente para apresentação e visualização, enquanto o CMYK é crucial para a reprodução exacta de cores em suportes de impressão. O HSV fornece uma representação perceptualmente significativa para tarefas que envolvem a manipulação e análise de cores. A compreensão destes espaços de cor permite que os profissionais de processamento de imagem escolham a representação mais adequada para a aplicação pretendida, garantindo operações precisas e eficazes relacionadas com a cor.

Em conclusão, os espaços de cor como RGB, CMYK e HSV são pedras angulares do processamento de imagens, permitindo a manipulação e representação eficientes das cores em vários contextos. A sua relevância é sublinhada pelo seu alinhamento com a perceção humana e os requisitos distintos de diferentes domínios, contribuindo, em última análise, para a riqueza e profundidade das técnicas de processamento de imagem.

- Explicação da estrutura da imagem digital, incluindo píxéis, resolução e profundidade de bits.

A estrutura de uma imagem digital é composta por vários elementos-chave, cada um dos quais desempenha um papel crucial na forma como a imagem é representada, apresentada e processada. Estes elementos incluem píxeis, resolução e profundidade de bits.

Pixéis: Os píxeis, abreviatura de "elementos de imagem", são os blocos de construção fundamentais de uma imagem digital. Cada pixel representa um único ponto de cor e intensidade na imagem. Numa imagem a cores, um pixel é composto por vários canais de cor, normalmente Vermelho, Verde e Azul (RGB). A combinação dos valores de pixel nestes canais determina a cor e o aspeto geral da imagem. Pense nos pixels como os pequenos pontos que se juntam para formar a imagem completa.

Resolução: A resolução refere-se ao nível de detalhe captado e apresentado numa imagem. É determinada pelo número total de pixéis na imagem, tanto na horizontal como na vertical. As imagens com uma resolução mais elevada têm mais pixéis e, por isso, transmitem detalhes mais finos. A resolução é frequentemente medida em pixéis por polegada (PPI) ou pontos por polegada (DPI). Nos ecrãs digitais, como monitores ou ecrãs, a resolução tem impacto na clareza e nitidez da imagem. Nos suportes impressos, uma resolução mais elevada garante que as imagens aparecem nítidas e bem definidas.

Profundidade de bits: A profundidade de bits, também conhecida como profundidade de cor, determina o número de cores que podem ser representadas numa imagem. Refere-se ao número de bits utilizados para codificar o valor da cor de cada pixel. Uma maior profundidade de bits permite uma maior gama de cores e variações de cor mais subtis. As profundidades de bits comuns incluem 8 bits (256 cores), 16 bits (65.536 cores) e 24 bits (16,7 milhões de cores). As imagens com profundidades de bits mais elevadas são capazes de representar com precisão um maior espetro de cores e gradientes.

Em resumo, a estrutura de uma imagem digital gira em torno de pixels, resolução e profundidade de bits. Os pixéis são as unidades mais pequenas que compõem a imagem, a resolução define o nível de detalhe e a profundidade de bits determina a gama e a precisão das cores. Estes elementos contribuem coletivamente para a forma como as imagens digitais são captadas, apresentadas e processadas em várias tecnologias e aplicações, desde a fotografia e o design gráfico à imagiologia médica e à visão por computador.

1.2 Melhoria da imagem

- Panorâmica das técnicas de melhoramento de imagem para melhorar a qualidade da imagem.

As técnicas de melhoramento de imagens desempenham um papel fundamental na elevação da qualidade visual das imagens em diversas aplicações. Estes métodos englobam uma gama de processos concebidos para acentuar características, corrigir imperfeições e melhorar a estética geral de uma imagem. A equalização do histograma é uma pedra angular, redistribuindo os valores de intensidade para um contraste melhorado, enquanto as técnicas de melhoramento do contraste aumentam a distinção entre áreas claras e escuras. O ajuste do brilho permite uma afinação fina da iluminação, enquanto a correção de gama assegura uma resposta tonal precisa. Os filtros de nitidez realçam as margens e os detalhes mais finos, enquanto a redução de ruído atenua os artefactos indesejados. O ajuste do equilíbrio de cores e a melhoria da saturação oferecem meios para afinar a representação de cores. A fusão de imagens reúne várias imagens para uma gama dinâmica melhorada e as técnicas de super-resolução amplificam os detalhes da imagem. A desfocagem rectifica a desfocagem induzida por vários factores e as técnicas de pintura restauram partes em falta ou danificadas. Em geral, as técnicas de melhoramento de imagem permitem aos profissionais de áreas como a fotografia, a imagiologia médica e a visão por computador elevar a qualidade da imagem, descobrir pormenores ocultos e apresentar as imagens da melhor forma possível.

Métodos de melhoria do contraste (equalização do histograma, alongamento do contraste).

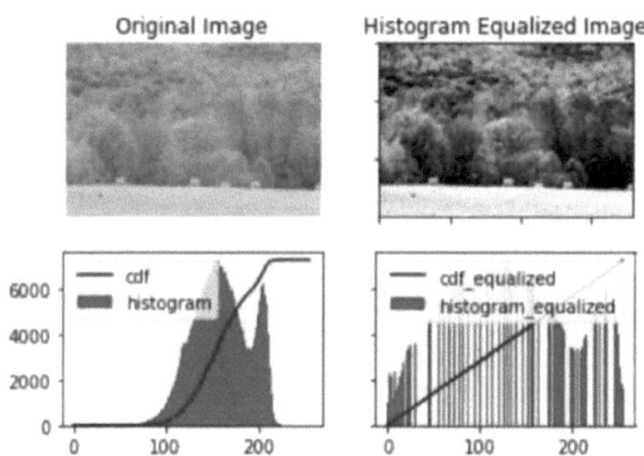

Os métodos de melhoramento do contraste, parte integrante do processamento de imagens, desempenham um papel fundamental no aperfeiçoamento da qualidade da imagem, melhorando as distinções perceptuais entre as intensidades dos píxeis. Duas técnicas fundamentais neste domínio são a equalização do histograma e o alongamento do contraste. A equalização de histograma transforma a distribuição de intensidade de uma imagem remodelando o histograma para obter uma distribuição mais equilibrada e uniforme. Este processo, que envolve o cálculo da função de distribuição cumulativa e o mapeamento dos valores de intensidade, aumenta efetivamente o contraste e realça detalhes intrincados que podem estar ocultos em regiões de iluminação variável. Por outro lado, o alongamento do contraste emprega um ajuste linear dos valores de intensidade, expandindo o intervalo para aumentar a disparidade entre as intensidades mínima e máxima. Esta técnica simples é particularmente útil quando determinadas gamas de intensidade dominam uma imagem, resultando numa maior clareza e visibilidade das características. Tanto a equalização de histogramas como o alongamento de contraste têm uma utilidade significativa em domínios como a imagiologia médica, a fotografia e a visão por computador, onde a acentuação de contrastes melhora a interpretabilidade e a utilidade dos dados visuais.

- **Técnicas de redução do ruído (filtragem mediana, filtragem Gaussiana).**

  As técnicas de redução do ruído são ferramentas essenciais no processamento de imagens que têm por objetivo melhorar a qualidade das imagens suprimindo o ruído indesejado e preservando os detalhes e as características subjacentes. Dois métodos de redução do ruído comummente utilizados são a filtragem da mediana e a filtragem gaussiana:

- **Filtragem mediana:** A filtragem mediana é uma técnica de filtragem não linear que reduz eficazmente o ruído de impulso, também conhecido como ruído de sal e pimenta, que aparece como pixéis claros e escuros isolados numa imagem. Neste método, uma janela deslizante (também designada por kernel) move-se ao longo da imagem e, para cada posição da janela, o valor de intensidade mediana dos pixels dentro da janela é calculado e atribuído ao pixel central. A operação mediana substitui eficazmente os valores anómalos, como os pixels com ruído, por valores mais representativos da região circundante. Este processo ajuda a reduzir o ruído, mantendo os bordos e as características importantes da imagem.

- **Filtragem Gaussiana:** A filtragem Gaussiana, também conhecida como suavização Gaussiana, é uma técnica de filtragem linear que é eficaz na redução do ruído Gaussiano, que é frequentemente caracterizado por variações aleatórias nas intensidades dos pixels. Este método envolve a convolução da imagem com um núcleo Gaussiano. A operação de convolução calcula a média ponderada das intensidades dos pixels na vizinhança de cada pixel. O núcleo Gaussiano atribui pesos mais elevados aos pixels centrais e pesos mais baixos aos pixels circundantes, criando um efeito de suavização. A filtragem Gaussiana é particularmente útil para reduzir o ruído de alta frequência e produzir uma imagem mais suave. Tanto a filtragem mediana como a filtragem Gaussiana têm as suas vantagens e são adequadas para diferentes tipos de redução de ruído. A filtragem mediana é excelente na remoção de ruído impulsivo sem esbater as margens, o que a torna adequada para imagens afectadas por ruído de sal e pimenta. A escolha entre estas técnicas depende do tipo de ruído presente na imagem e do equilíbrio desejado entre a redução do ruído e a preservação dos detalhes da imagem. Estes métodos de redução de ruído são amplamente utilizados em várias aplicações, incluindo imagiologia médica, fotografia e visão por computador, onde imagens limpas e exactas são cruciais para a análise e interpretação.

- Técnicas de nitidez (máscara de nitidez, nitidez Laplaciana).

1.3 Filtragem e convolução de imagens

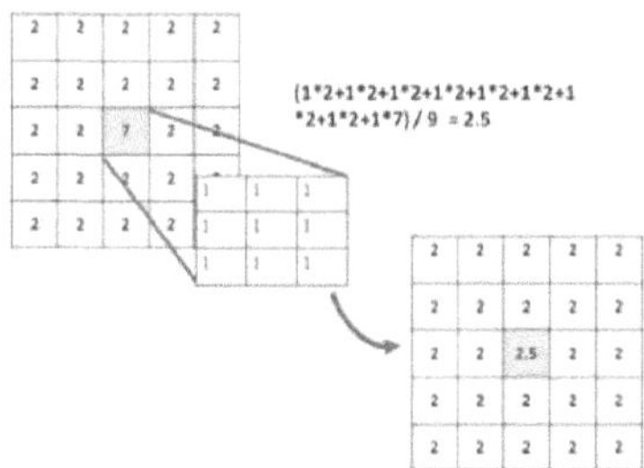

- Explicação da convolução e do seu papel na filtragem de imagens.
- Introdução aos diferentes tipos de filtros (suavização, deteção de bordos, etc.).
- Exemplos detalhados de filtros comuns como Gaussian, Sobel e Prewitt.

Convolução e o seu papel na filtragem de imagens: A convolução é uma operação matemática fundamental que constitui a espinha dorsal da filtragem de imagens, uma técnica crucial no processamento de imagens. A convolução envolve a sobreposição de uma pequena matriz, conhecida como kernel ou filtro, numa imagem e a realização de uma série de multiplicações e somas. Cada elemento do kernel é multiplicado pelo valor do pixel correspondente na imagem e os resultados são somados para determinar o novo valor do pixel central. A convolução actua como uma operação local, permitindo a modificação dos valores de pixel com base nos seus vizinhos. Este processo está no centro de várias tarefas de processamento de imagem, permitindo-nos melhorar ou extrair características específicas, reduzir o ruído e efetuar outras transformações sem alterar uniformemente toda a imagem.

Introdução aos diferentes tipos de filtros: Os filtros no processamento de imagens são ferramentas diversas que servem vários objectivos. Podem ser categorizados em diferentes tipos com base nos seus efeitos na imagem. Os filtros de suavização, também conhecidos como filtros de desfocagem, reduzem o ruído e os detalhes numa imagem para criar um aspeto mais suave. Os filtros de deteção de margens realçam as alterações rápidas de intensidade, que correspondem a margens ou limites entre objectos na imagem. Os filtros de nitidez melhoram as margens e os detalhes finos para tornar a imagem mais nítida. Outros tipos de filtros incluem filtros morfológicos para análise de formas e filtros de melhoramento para realçar componentes específicos da imagem.

Exemplos detalhados de filtros comuns:

1. **Filtro Gaussiano:** O filtro Gaussiano é um filtro de suavização que aplica uma média ponderada aos pixels vizinhos, com os pesos determinados por uma distribuição Gaussiana. Desfoca eficazmente a imagem, preservando a estrutura geral da imagem. Os filtros gaussianos são utilizados para redução de ruído e suavização de imagens.
2. **Filtro Sobel:** O filtro Sobel é um filtro de deteção de arestas que calcula o gradiente da intensidade da imagem. Consiste em dois núcleos separados - um para detetar arestas na direção horizontal e outro para a direção vertical. A magnitude do gradiente indica a força das arestas, enquanto a direção fornece a orientação da aresta.
3. **Filtro Prewitt:** Semelhante ao filtro Sobel, o filtro Prewitt é utilizado para a deteção de limites. Calcula os valores de gradiente nas direcções horizontal e vertical e combina-os para determinar a força e a orientação da margem.

Estes filtros são apenas alguns exemplos da miríade de possibilidades na filtragem de imagens. As suas aplicações vão desde o pré-processamento de imagens antes da análise até à melhoria da estética visual. A escolha do filtro depende da tarefa específica e do resultado pretendido. Compreender a convolução e os diferentes tipos de filtros permite aos profissionais manipular e extrair informações significativas das imagens, possibilitando tarefas como a deteção de características, a redução do ruído e a melhoria das estruturas das imagens.

1.4 Transformações de imagem

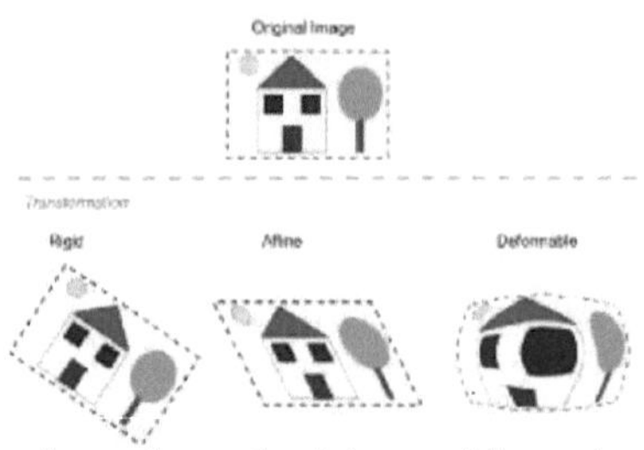

- Descrição das transformações no domínio espacial e no domínio da frequência.
- Introdução às transformações espaciais (escalonamento, rotação, translação).
- Transformada de Fourier e sua aplicação na análise no domínio da frequência.
- **Transformações espaciais e no domínio da frequência:** As transformações de domínio espacial e de frequência são conceitos fundamentais no processamento de imagens que envolvem a alteração da representação de uma imagem no seu espaço original (domínio espacial) ou num espaço transformado (domínio de frequência). As transformações no domínio espacial manipulam os valores individuais dos pixéis, centrando-se nas relações espaciais entre pixéis. As transformações no domínio da frequência, por outro lado, analisam e modificam os componentes de frequência de

uma imagem, revelando padrões e estruturas que podem não ser tão evidentes no domínio espacial. Estas transformações são essenciais para tarefas como o melhoramento, a compressão e a análise de imagens.

- **Introdução às transformações espaciais:** As transformações espaciais envolvem a modificação da posição, orientação, tamanho ou forma de uma imagem. Estas transformações incluem escalonamento (redimensionamento), rotação e translação (deslocamento). O escalonamento altera o tamanho da imagem preservando as suas proporções. A rotação gira a imagem em torno de um ponto, ângulo ou eixo especificado. A translação desloca a imagem horizontal e verticalmente. Estas transformações são particularmente valiosas para correção geométrica, alinhamento de imagens e criação de efeitos visuais.
- **Transformada de Fourier e sua aplicação na análise no domínio da frequência:** A Transformada de Fourier é uma técnica matemática que converte uma imagem do seu domínio espacial para a sua representação no domínio da frequência. Ela decompõe a imagem numa soma de funções sinusoidais, revelando os componentes de frequência subjacentes. No domínio da frequência, os componentes de alta frequência correspondem a mudanças rápidas nos valores de pixel, como bordas, enquanto os componentes de baixa frequência representam mudanças graduais ou áreas suaves. Ela permite tarefas como:
- **Filtragem de frequência:** A filtragem no domínio da frequência permite a remoção ou o melhoramento de componentes de frequência específicos. Os filtros passa-alto amplificam os detalhes de alta frequência (bordas), enquanto os filtros passa-baixo reduzem o ruído e a desfocagem.
- **Restauração de imagens:** As imagens degradadas podem ser restauradas atenuando o ruído ou os artefactos em intervalos de frequência específicos.
- **Compressão:** Ao concentrar-se nos componentes de frequência significativos, a transformada de Fourier facilita a compressão da imagem sem perda significativa de informação.
- **Análise de padrões:** A análise no domínio da frequência ajuda a identificar padrões periódicos ou texturas numa imagem.
- **Registo de imagens:** Em aplicações como a imagiologia médica, a transformada de Fourier ajuda a alinhar e registar imagens adquiridas de diferentes fontes.
- Em resumo, as transformações de domínio espacial e de frequência fornecem ferramentas poderosas para manipular e analisar imagens. As transformações espaciais alteram as posições dos pixels, ajudando nos ajustes geométricos, enquanto a Transformada de Fourier investiga os componentes de frequência, permitindo uma análise e um processamento avançados. Estas técnicas são fundamentais no mundo do processamento de imagens, com aplicações que abrangem diversos domínios, incluindo a fotografia, a imagiologia médica e a investigação científica.

1.5 Segmentação de imagens

- Explicação da segmentação de imagens e da sua importância.
- Métodos de limiarização para binarização de imagens.
- Segmentação baseada em regiões e técnicas de segmentação baseadas em bordas.

Segmentação de imagens e sua importância: A segmentação de imagens é um processo crítico na análise de imagens e na visão computacional que envolve a divisão de uma imagem em regiões significativas e distintas. O objetivo da segmentação é agrupar pixéis ou regiões que partilham características semelhantes, como a cor, a textura ou a intensidade, distinguindo-os de outras partes da imagem. Este processo é vital, pois permite uma análise e compreensão de nível superior do conteúdo da imagem, dividindo cenas complexas em componentes geríveis e interpretáveis. A segmentação de imagens encontra aplicações no reconhecimento de objectos, edição de imagens, imagiologia médica, veículos autónomos e muito mais.

Métodos de limiarização para binarização de imagens: A limiarização é uma técnica comum utilizada na segmentação de imagens, especificamente para a binarização de imagens. A binarização envolve a conversão de uma imagem em escala de cinzentos numa imagem binária, em que os pixels são classificados como primeiro plano (objeto de interesse) ou fundo com base num valor de limiar escolhido. Os métodos de limiarização procuram encontrar um limiar ótimo que maximize a separação entre pixéis de primeiro plano e de fundo. As técnicas de limiarização mais populares incluem:

1. **Limiarização global:** Um único valor de limiar é aplicado a toda a imagem.

2. **Método de Otsu:** Calcula automaticamente um limiar ótimo com base na maximização da variância inter-classes.

3. **Limiarização adaptativa:** Os valores de limiar são determinados localmente, considerando variações em diferentes regiões da imagem.

Segmentação baseada em regiões e técnicas de segmentação baseadas em bordas: A segmentação baseada na região e na borda são duas abordagens fundamentais para o particionamento de imagens.

Segmentação baseada em regiões: Esta técnica agrupa os pixéis com base na sua proximidade espacial e na semelhança de intensidade ou textura. O seu objetivo é dividir uma imagem em regiões coerentes e homogéneas. Técnicas como o crescimento, a divisão e a fusão de regiões e o agrupamento k-means pertencem a esta categoria. A segmentação baseada em regiões é útil para identificar objectos com limites bem definidos e características uniformes.

Segmentação baseada em bordas: A segmentação baseada em margens centra-se na deteção de alterações abruptas de intensidade, que correspondem frequentemente a limites de objectos ou características significativas. O processo envolve a localização de áreas de rápida variação de intensidade ou descontinuidades. Técnicas como o detetor de bordas Canny e o operador Sobel destacam bordas e gradientes numa imagem. A segmentação baseada em arestas é valiosa quando a deteção precisa de limites é essencial, como na análise de imagens médicas e na inspeção industrial.

Em conclusão, a segmentação de imagens é um conceito fundamental no processamento de imagens, permitindo a extração de informações significativas de dados visuais complexos. Os métodos de limiarização facilitam a conversão de imagens em escala de cinzentos em representações binárias. A segmentação baseada em regiões agrupa os pixéis com base na semelhança, enquanto a segmentação baseada em margens detecta alterações abruptas na intensidade. Ambas as técnicas contribuem significativamente para diversas aplicações, que vão desde o diagnóstico médico e a edição de imagens até aos sistemas de navegação autónoma.

1.6 Extração de características

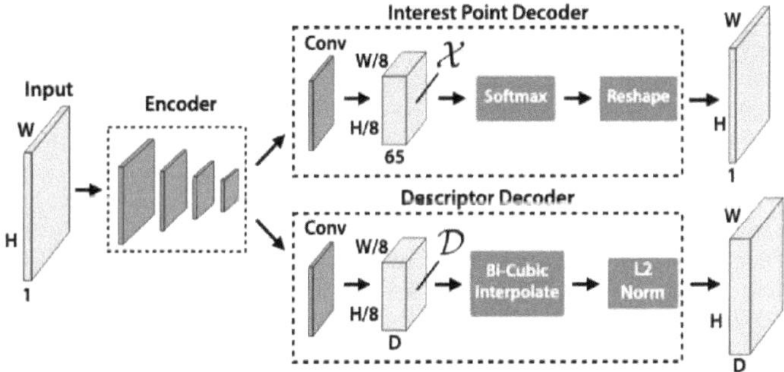

- Discussão de métodos de extração de características para reconhecimento de padrões.
- Extração de características de forma, textura e cor.
- O papel dos vectores de características na aprendizagem automática e na visão computacional.

- **Discussão dos métodos de extração de características para o reconhecimento de padrões:** A extração de características é um passo crucial no reconhecimento de padrões que envolve a transformação de dados brutos, como imagens ou sinais, num conjunto de características relevantes e discriminativas. Estas características captam as características distintivas dos dados e servem de entrada para a análise e classificação subsequentes. A extração eficaz de características desempenha um papel fundamental na redução da dimensionalidade dos dados, no aumento da precisão da classificação e na revelação de padrões significativos em conjuntos de dados complexos. É especialmente valiosa em domínios como a visão computacional, o reconhecimento da fala e a bioinformática.
- **Extração de características de forma, textura e cor:** A extração de características engloba uma variedade de técnicas para captar diferentes aspectos dos dados. No contexto das imagens, as características de forma centram-se na geometria e nos contornos dos objectos. Estas características podem incluir parâmetros como a área, o perímetro e a compacidade. As características de textura descrevem padrões na disposição dos pixéis, captando qualidades como suavidade, rugosidade ou regularidade. As características de cor representam a distribuição da cor numa imagem, utilizando frequentemente histogramas de cor ou momentos de cor para quantificar características como a tonalidade, a saturação e o brilho. Ao extrair características de forma, textura e cor, é criada uma representação abrangente do conteúdo visual, permitindo um reconhecimento de padrões robusto.
- **O papel dos vectores de características na aprendizagem automática e na visão por computador** Os vectores de características, compostos pelas características extraídas, desempenham um papel fundamental tanto na aprendizagem automática como na visão computacional. Na aprendizagem automática, os algoritmos utilizam vectores de características como entrada para construir modelos de classificação, regressão ou outras tarefas. As características bem escolhidas e informativas têm um impacto significativo no desempenho e na capacidade de generalização do modelo. Os vectores de características permitem ao algoritmo aprender relações e padrões dentro dos dados, conduzindo a previsões ou classificações precisas.
- Na visão computacional, os vectores de características são essenciais para tarefas como a deteção de objectos, a classificação de imagens e a recuperação de imagens. Durante o treino, os vectores de características são gerados a partir de dados rotulados para treinar classificadores ou modelos de reconhecimento. Na fase de teste, são extraídos novos vectores de características a partir de dados não vistos, sendo estes vectores comparados ou classificados com base na sua semelhança com os exemplos de treino. Os vectores de características servem de ponte entre os dados em bruto e

os algoritmos, permitindo aos computadores interpretar e compreender a informação visual.

- Em resumo, os métodos de extração de características são essenciais para converter dados complexos em representações informativas e compactas que facilitem o reconhecimento de padrões. As características de forma, textura e cor captam coletivamente diversos aspectos do conteúdo visual. Os vectores de características derivados destas características funcionam como entradas essenciais para algoritmos de aprendizagem automática e tarefas de visão por computador, permitindo a análise, interpretação e reconhecimento de padrões nos dados.

1.7 Processamento morfológico de imagens

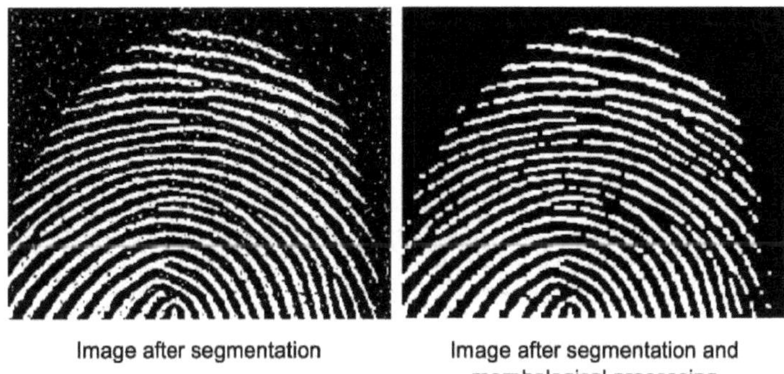

Image after segmentation   Image after segmentation and morphological processing

- Introdução às operações morfológicas (erosão, dilatação, abertura, fecho).
- Aplicação de operações morfológicas na segmentação de imagens e redução de ruído.

Introdução às operações morfológicas: As operações morfológicas são técnicas fundamentais no processamento de imagens que se centram na forma e na estrutura dos objectos numa imagem. Estas operações envolvem a modificação da disposição dos pixéis com base nas características dos pixéis vizinhos. As operações morfológicas, como a erosão, a dilatação, a abertura e o fecho, são utilizadas principalmente para o processamento de imagens binárias, em que cada pixel é primeiro plano (objeto) ou fundo.

- **Erosão:** A erosão reduz o tamanho do objeto através da remoção de pixels do seu limite. Implica colocar um elemento estruturante (uma pequena matriz binária) sobre cada pixel da imagem e verificar se todos os pixels cobertos pelo elemento estruturante são primeiro plano. Se forem, o pixel central é mantido; caso contrário, é erodido (definido como fundo). A erosão é útil para reduzir o tamanho do objeto, quebrar ligações finas e eliminar pequenos componentes de ruído.

- **Dilatação:** A dilatação aumenta o tamanho do objeto adicionando pixels ao seu limite. Funciona de forma semelhante à erosão, mas mantém o pixel central se pelo menos um dos pixels cobertos pelo elemento estruturante estiver em primeiro plano. A dilatação ajuda a ligar partes partidas de objectos, a aumentar estruturas e a preencher espaços vazios.
- **Abertura:** A abertura é uma combinação de erosão seguida de dilatação. É particularmente útil para remover ruído enquanto preserva a forma geral dos objectos. A abertura ajuda a eliminar pequenas partículas de ruído e suaviza os contornos dos objectos.
- **Encerramento:** O fecho é uma combinação de dilatação seguida de erosão. É utilizado para fechar pequenos orifícios ou espaços em objectos e para suavizar os limites dos objectos, mantendo o seu tamanho.

Aplicação de operações morfológicas: As operações morfológicas têm uma vasta aplicação em várias tarefas de processamento de imagens, incluindo a segmentação de imagens e a redução do ruído.

- **Segmentação de imagens:** As operações morfológicas podem separar ou ligar objectos com base na sua forma e estrutura. Ao escolher adequadamente o elemento estruturante e a sequência de operações, as técnicas morfológicas podem ajudar a isolar e identificar objectos individuais numa imagem.
- **Redução de ruído:** Nas imagens binárias, o ruído aparece frequentemente como pequenas regiões isoladas ou pontos indesejados. A abertura morfológica é particularmente eficaz na remoção deste ruído, preservando a integridade dos objectos maiores. A operação de abertura elimina pequenos componentes de ruído, deixando para trás as estruturas significativas.

As operações morfológicas fornecem uma estrutura poderosa para o processamento de imagens binárias, permitindo a manipulação das formas dos objectos, a redução do ruído e o melhoramento de características específicas. Estas operações são ferramentas versáteis que desempenham um papel crucial em várias aplicações de processamento de imagem, desde a imagiologia médica e a inspeção industrial até à análise de documentos e tarefas de visão por computador.

1.8 Compressão de imagens

- Importância da compressão de imagens no armazenamento e na transmissão.
- Técnicas de compressão sem perdas vs. com perdas.
- Visão geral dos algoritmos populares de compressão de imagens (JPEG, PNG).

Importância da compressão de imagens no armazenamento e na transmissão: A compressão de imagens é uma tecnologia vital que aborda os desafios de armazenamento e transmissão de imagens digitais. No mundo atual, orientado para os dados, as imagens são um componente significativo de várias aplicações, desde conteúdos da Web e redes sociais a imagens médicas e imagens de satélite. Os ficheiros de imagem podem ser grandes, consumindo um espaço de armazenamento substancial e exigindo uma largura de banda significativa para a transmissão. A compressão reduz o tamanho dos ficheiros de imagem, tornando-os mais fáceis de gerir para armazenamento e permitindo uma transmissão eficiente através de redes. Isto é especialmente importante em cenários com capacidade de armazenamento limitada ou largura de banda de rede restrita.

Técnicas de compressão sem perdas vs. com perdas: As técnicas de compressão de imagem podem ser classificadas em dois tipos: compressão com e sem perdas.

- **Compressão sem perdas:** Os métodos de compressão sem perdas preservam todos os dados originais ao comprimir uma imagem. Conseguem a compressão explorando a redundância nos dados, como padrões ou sequências repetidas. Embora a compressão sem perdas garanta a reconstrução exacta da imagem original após a descompressão, normalmente atinge taxas de compressão mais baixas em comparação com os métodos com perdas. É adequada para cenários em que a fidelidade dos dados é fundamental, como a imagiologia médica e os fins de arquivo.
- **Compressão com perdas:** Os métodos de compressão com perdas atingem rácios de compressão mais elevados, removendo alguns dados da imagem que podem não ser tão significativos em termos de perceção. Este compromisso entre o rácio de

compressão e a qualidade da imagem é controlado através do ajuste dos parâmetros de compressão. Embora a compressão com perdas resulte em alguma perda de qualidade da imagem, é adequada para aplicações em que é aceitável uma ligeira redução da fidelidade, como imagens da Web e conteúdos multimédia.

Visão geral dos algoritmos populares de compressão de imagens (JPEG, PNG): Dois dos algoritmos de compressão de imagem mais conhecidos são o JPEG e o PNG.

- **JPEG (Joint Photographic Experts Group):** O JPEG é um algoritmo de compressão com perdas amplamente utilizado para imagens fotográficas. Atinge elevados rácios de compressão explorando as limitações da perceção visual humana. Utiliza técnicas como a transformada discreta de cosseno (DCT) para transformar os dados da imagem em componentes de frequência e a quantização para reduzir a quantidade de dados. Embora a compressão JPEG possa resultar em alguma perda de detalhes finos e introduzir artefactos, continua a ser uma escolha popular para imagens da Web e fotografia digital.
- **PNG (Portable Network Graphics):** PNG é um algoritmo de compressão sem perdas que é particularmente adequado para imagens com arestas vivas e áreas de cor uniforme. Ao contrário do JPEG, a compressão PNG não resulta na degradação da qualidade da imagem ou em artefactos. No entanto, normalmente atinge rácios de compressão mais baixos em comparação com o JPEG. O PNG é normalmente utilizado para imagens que requerem transparência, uma vez que suporta um canal alfa.

Em conclusão, a compressão de imagens desempenha um papel fundamental na resposta aos desafios de armazenamento e transmissão colocados pela proliferação de imagens digitais. As técnicas de compressão com e sem perdas oferecem diferentes soluções de compromisso entre os rácios de compressão e a qualidade da imagem. O JPEG e o PNG são exemplos proeminentes de algoritmos de compressão que satisfazem vários requisitos, desde rácios de compressão elevados com alguma perda de qualidade até à preservação sem perdas dos dados da imagem. Estes algoritmos contribuem significativamente para otimizar o tratamento de imagens em várias aplicações, tendo em conta factores como o espaço de armazenamento, a largura de banda da rede e a fidelidade da imagem.

1.9 Restauração de imagens

 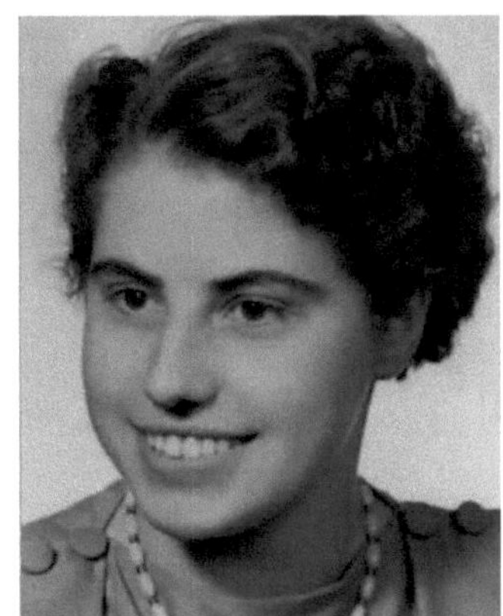

- Explicação do restauro de imagens e dos seus objectivos.
- Técnicas de desfocagem para remover a desfocagem de movimento e outras distorções.
- Métodos de pintura de imagens para preencher regiões em falta ou danificadas.

Explicação do restauro de imagens e dos seus objectivos: O restauro de imagens é um ramo crítico do processamento de imagens que tem como objetivo recuperar o estado original ou desejado de uma imagem a partir de uma versão degradada ou distorcida. As imagens sofrem frequentemente degradação devido a factores como ruído, desfocagem, artefactos de compressão e limitações do sensor. O principal objetivo do restauro de imagens é melhorar a qualidade visual da imagem degradada, melhorando a sua clareza, nitidez e fidelidade perceptiva global. As técnicas de restauro de imagens utilizam vários modelos matemáticos e estatísticos para inverter ou atenuar os efeitos da degradação e recuperar o máximo possível da informação original.

Técnicas de desfocagem para remover a desfocagem de movimento e outras distorções: As técnicas de desfocagem são utilizadas para eliminar a desfocagem e as distorções que podem resultar de factores como o movimento da câmara, a desfocagem ou a turbulência atmosférica. Um dos tipos mais comuns de desfocagem é a desfocagem por movimento, que ocorre quando um objeto ou a câmara se movem durante a exposição. As técnicas de desfocagem têm como objetivo estimar o núcleo de desfocagem ou a função de dispersão de pontos (PSF) que causou a degradação e, em seguida, inverter os seus efeitos. Alguns métodos de desfocagem envolvem:

- **Deconvolução de Wiener:** Esta abordagem utiliza um filtro de Wiener para estimar a imagem original através da deconvolução da imagem degradada com uma PSF estimada. Equilibra a redução do ruído e a preservação dos pormenores.
- **Deconvolução cega:** Os métodos de deconvolução cega estimam tanto a PSF como

a imagem original sem conhecimento prévio da desfocagem. Estes métodos são mais complexos mas podem lidar com diversos tipos de desfocagem.

Métodos de pintura de imagens para preenchimento de regiões em falta ou danificadas: A pintura de imagens é o processo de preenchimento das regiões em falta ou danificadas de uma imagem com conteúdo plausível baseado na informação circundante. O inpainting encontra aplicações no restauro, na preservação de arte e na edição multimédia. Os métodos de inpainting utilizam pixéis vizinhos ou características para estimar e gerar o conteúdo em falta. As técnicas de pintura de imagens incluem:

- **Pintura baseada em exemplos:** Este método utiliza informações de pixéis próximos para preencher as regiões em falta. Procura manchas semelhantes na imagem e mistura-as perfeitamente para completar a área danificada.
- **Pintura baseada na síntese de texturas:** As técnicas de síntese de texturas geram novas texturas com base nas existentes. Estes métodos são eficazes para restaurar áreas com padrões ou texturas repetitivos.

Em resumo, o restauro de imagens centra-se na melhoria da qualidade de imagens degradadas, invertendo ou compensando vários tipos de degradação. As técnicas de desfocagem tratam a desfocagem e as distorções causadas pelo movimento ou por outros factores. Os métodos de pintura de imagens tratam as regiões em falta ou danificadas, estimando e gerando conteúdos plausíveis. Tanto o restauro como a pintura são cruciais para aplicações como o restauro de fotografias, a imagiologia médica e a edição multimédia, em que é fundamental preservar ou melhorar a informação visual.

1.10 Processamento de imagens a cores

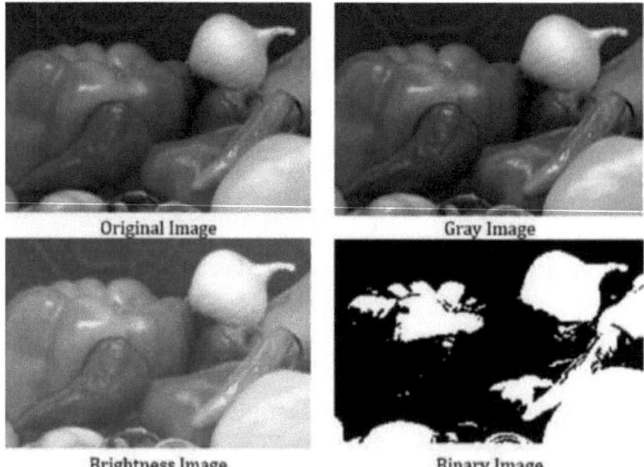

- Exploração aprofundada dos modelos de cor (RGB, CMYK, HSV, Lab).

- Técnicas de correção e manipulação da cor.
- Aplicações do processamento de imagens a cores em imagiologia médica, arte e muito mais.

Exploração aprofundada dos modelos de cor (RGB, CMYK, HSV, Lab): Os modelos de cor são representações fundamentais da forma como as cores são percepcionadas e processadas. O RGB (vermelho, verde, azul) é o modelo mais comum para a apresentação de cores em ecrãs digitais, em que a cor de cada pixel é uma combinação destas cores primárias. CMYK (Cyan, Magenta, Yellow, Black) é utilizado na impressão a cores, sendo as cores produzidas pela subtração destas cores de tinta da luz branca. HSV (Hue, Saturation, Value) separa a informação de cor em componentes perceptualmente significativos, tornando-a útil para a manipulação de cores. Lab (Lightness, a*, b*) é um modelo independente de dispositivo que separa a luminância da informação de cor e é útil para a análise e correção de cores.

Técnicas de correção e manipulação de cor: As técnicas de correção de cor visam ajustar o equilíbrio da cor, o contraste e outros atributos para obter a estética visual desejada. A equalização do histograma e o ajuste do equilíbrio de cores podem melhorar a distribuição geral de cores. A correção do equilíbrio de brancos trata das alterações de cor devido às condições de iluminação. As técnicas de melhoramento da cor, como a correção de gama, ajustam as curvas de reprodução de tons. A manipulação de cor inclui operações como a colorização (adição de cor a imagens em tons de cinzento) e o mapeamento de cor (alteração de cores preservando o contraste).

Aplicações do processamento de imagens a cores em imagiologia médica, arte e muito mais: O processamento de imagens a cores encontra diversas aplicações em vários domínios:

- **Imagiologia médica:** Na imagiologia médica, o processamento de cores ajuda a melhorar e a visualizar estruturas anatómicas, tecidos e anomalias em imagens como ressonâncias magnéticas e tomografias computorizadas. O mapeamento de cores ajuda a apresentar dados complexos para uma melhor interpretação.
- **Arte e design:** O processamento de cores é essencial na arte e no design, permitindo a criação, a manipulação e o restauro de imagens. Os artistas e os designers utilizam a correção e a manipulação da cor para obter os efeitos visuais desejados e transmitir emoções.
- **Deteção remota:** O processamento de cor melhora as imagens aéreas e de satélite, facilitando a classificação da cobertura do solo, a monitorização ambiental e a avaliação de catástrofes.
- **Forense:** O processamento de cor ajuda os peritos forenses a analisar e melhorar imagens para investigação de cenas de crime e análise de provas.
- **Controlo de qualidade:** As indústrias utilizam o processamento de imagens a cores para controlo de qualidade e inspeção de produtos, como a deteção de defeitos em produtos fabricados.
- **Análise de documentos:** O processamento de cores ajuda no reconhecimento de texto e caligrafia, permitindo uma análise e digitalização eficientes de documentos.

- **Moda e retalho:** O processamento de cores é crucial em indústrias como a moda e o retalho para a correspondência de cores, análise de tendências e conceção de produtos.
- **Ensino e investigação:** O processamento de imagens a cores desempenha um papel importante no ensino e na investigação, ajudando na visualização de dados, na realização de experiências e na transmissão de conceitos científicos.

Na sua essência, o processamento de imagens a cores transcende vários domínios, enriquecendo as experiências visuais, possibilitando conhecimentos e impulsionando a inovação. As suas aplicações sublinham a importância da cor na perceção, comunicação e compreensão humanas, moldando a forma como interagimos e interpretamos o mundo à nossa volta.

1.11 Registo de imagens

- Explicação do registo de imagens e das suas aplicações.
- Técnicas de alinhamento e correspondência de imagens de diferentes fontes.
- Aplicações do registo de imagens na imagiologia médica e na deteção remota.

Explicação do registo de imagens e das suas aplicações: O registo de imagens é um processo fundamental na análise de imagens que envolve o alinhamento e a correspondência de duas ou mais imagens da mesma cena tiradas de diferentes perspectivas, fontes ou momentos. O objetivo do registo de imagens é estabelecer uma correspondência espacial entre as imagens, assegurando que as características ou pontos correspondentes nas cenas são alinhados com precisão. Isto permite a criação de uma imagem composta ou fundida que combina informações de várias fontes, facilitando a comparação, análise e interpretação. O registo de imagens é crucial em vários campos, incluindo imagiologia médica, deteção remota, visão por computador, entre outros.

Técnicas de alinhamento e correspondência de imagens de diferentes origens: O registo de imagens envolve várias técnicas para alinhar e fazer corresponder imagens de forma eficaz:

- **Métodos baseados em características:** Os pontos de características ou pontos de referência (como cantos ou pontos-chave) são detectados em ambas as imagens e os seus pares correspondentes são combinados. Transformações como translação, rotação e escala são calculadas para alinhar as imagens com base nestas correspondências.

- **Métodos baseados na intensidade:** Estes métodos analisam as intensidades dos píxeis nas imagens para encontrar a melhor transformação que as alinha. Técnicas como a correlação cruzada normalizada e a informação mútua medem a semelhança entre imagens sob diferentes transformações.
- **Informação mútua:** Esta abordagem da teoria da informação mede a dependência estatística entre as intensidades dos pixels correspondentes nas imagens, permitindo a determinação de transformações óptimas.
- **Registo deformável:** Nos casos em que as imagens têm deformações ou variações significativas, os métodos de registo deformável utilizam transformações não rígidas para obter um alinhamento preciso.

Imagiologia médica e deteção remota Aplicações do registo de imagens: O registo de imagens tem profundas aplicações na imagiologia médica e na deteção remota:

- **Imagiologia médica:** Na imagiologia médica, o registo de imagens é essencial para combinar dados de várias modalidades (como a ressonância magnética, a tomografia computorizada e a PET) para proporcionar uma visão abrangente da anatomia do doente. Ajuda na localização precisa de tumores, na monitorização da progressão da doença e na orientação de intervenções cirúrgicas. O registo também permite comparações antes e depois para avaliar os resultados do tratamento.
- **Deteção remota:** Na deteção remota, o registo de imagens é utilizado para alinhar imagens aéreas ou de satélite captadas em momentos diferentes ou por sensores diferentes. Isto permite a deteção de alterações, a análise da ocupação do solo e a monitorização ambiental. As imagens registadas facilitam a análise e o mapeamento geoespaciais precisos.

Tanto na imagiologia médica como na deteção remota, o registo de imagens melhora a integração de dados, aumenta a precisão e permite uma compreensão mais profunda de fenómenos complexos. Permite que investigadores, médicos e analistas tomem decisões informadas, diagnostiquem doenças e acompanhem as alterações ao longo do tempo, contribuindo, em última análise, para avanços nos cuidados de saúde, estudos ambientais e muito mais.

1.12 Fusão de imagens

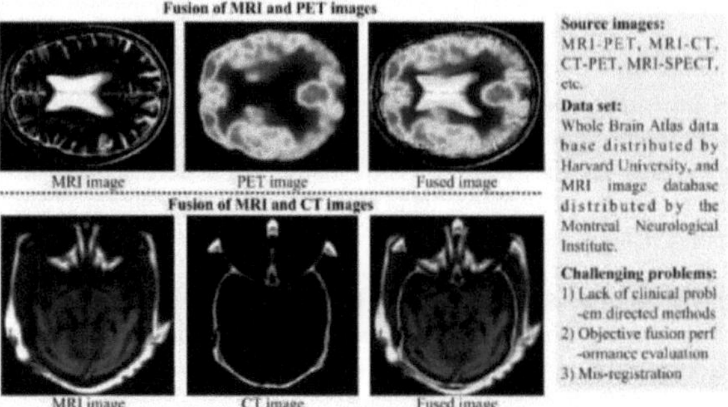

- Introdução à fusão de imagens e seus objectivos.
- Fusão de imagens multi-sensor (por exemplo, infravermelhos e luz visível).
- Técnicas de combinação de imagens a diferentes níveis (nível de pixel, nível de caraterística).

Introdução à fusão de imagens e seus objectivos: A fusão de imagens é um processo que combina informações de várias imagens da mesma cena para criar uma imagem única e melhorada que contém informações mais abrangentes e úteis do que as imagens de origem individuais. O objetivo da fusão de imagens é aumentar a visibilidade dos detalhes, melhorar a interpretabilidade das imagens e extrair informações relevantes que podem não ser visíveis numa única imagem de origem. A fusão de imagens encontra aplicações em vários domínios, incluindo a deteção remota, a imagiologia médica, a vigilância e a visão por computador.

Fusão de imagens multi-sensor (por exemplo, infravermelhos e luz visível): A fusão de imagens multi-sensor envolve a combinação de dados de diferentes sensores que captam informações complementares. Por exemplo, a fusão de imagens de sensores de infravermelhos e de luz visível pode revelar pormenores que não são visíveis em nenhuma das imagens individuais. Os sensores de infravermelhos captam informações térmicas, úteis para detetar fontes de calor ou identificar objectos em condições de fraca luminosidade, enquanto os sensores de luz visível fornecem pistas visuais e de cor. Ao fundir estas imagens, a composição resultante pode fornecer uma visão mais abrangente da cena.

Técnicas de combinação de imagens a diferentes níveis (nível de pixel, nível de caraterística): A fusão de imagens pode ser efectuada a vários níveis de representação de imagens:

- **Fusão ao nível do pixel:** Na fusão ao nível do pixel, os valores de intensidade dos pixels correspondentes nas imagens de origem são combinados para gerar a imagem fundida. As técnicas incluem o cálculo da média simples, o cálculo da média ponderada e a seleção do pixel com a intensidade mais elevada. Esta abordagem é simples, mas pode não captar relações complexas entre características.
- **Fusão ao nível das características:** A fusão ao nível das características envolve a extração de características significativas das imagens de origem e a sua combinação de forma a preservar ou melhorar essas características. As características podem incluir arestas, texturas ou outros elementos visuais de alto nível. Técnicas como a transformada wavelet, a análise de componentes principais (PCA) e algoritmos de aprendizagem automática são aplicadas para fundir características.

A fusão ao nível das características é mais sofisticada e pode conduzir a resultados mais informativos e visualmente apelativos, especialmente quando se trata de cenas complexas ou de imagens captadas por diferentes sensores.

Em conclusão, a fusão de imagens é uma técnica poderosa para melhorar o conteúdo informativo e a interpretabilidade das imagens através da combinação de dados de várias fontes. Permite a extração de conhecimentos valiosos que podem não ser evidentes em imagens individuais e encontra aplicações em diversos domínios em que a compreensão abrangente e a interpretação exacta dos dados visuais são fundamentais. Quer se trate da fusão de imagens multi-sensor ou da combinação de características a diferentes níveis, a fusão de imagens contribui para melhorar a tomada de decisões e a análise em vários domínios.

1.13. Deteção e seguimento de objectos

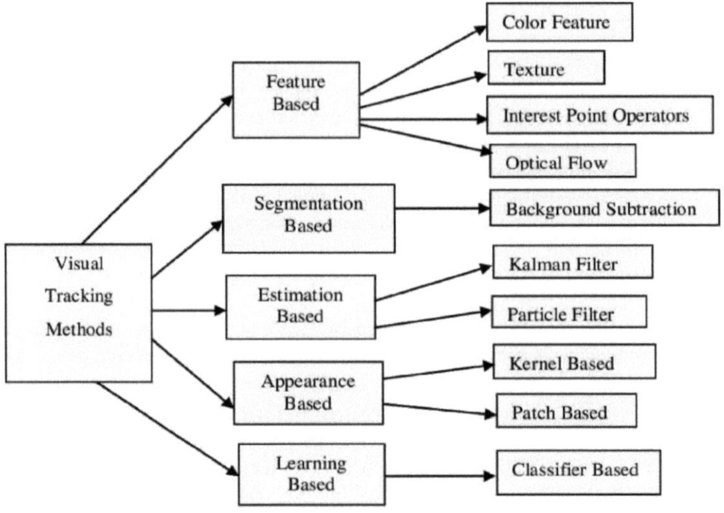

- Visão geral dos conceitos de deteção e seguimento de objectos.
- Introdução às cascatas Haar, características HOG e aprendizagem profunda para deteção.
- Algoritmos de seguimento como os filtros de Kalman e os filtros de partículas.

Visão geral dos conceitos de deteção e seguimento de objectos: A deteção e o seguimento de objectos são tarefas fundamentais na visão por computador que envolvem a identificação e a monitorização de objectos de interesse numa sequência de imagens ou fotogramas de vídeos. A deteção de objectos centra-se na localização de instâncias de objectos predefinidos em imagens, enquanto o seguimento de objectos envolve seguir a trajetória e o movimento desses objectos ao longo do tempo. Estas tarefas têm uma vasta gama de aplicações, incluindo vigilância, veículos autónomos, robótica, etc.

Introdução às cascatas Haar, características HOG e aprendizagem profunda para deteção:

- **Cascatas de Haar:** As cascatas de Haar são um tipo de método de deteção de objectos que utiliza características do tipo Haar para detetar objectos. Estas características são padrões rectangulares simples que são calculados em diferentes escalas e posições numa imagem. As cascatas de Haar utilizam uma cascata de classificadores para filtrar progressivamente as regiões que não são objectos, tornando o processo eficiente para aplicações em tempo real.

- **Características HOG (Histograma de Gradientes Orientados):** O HOG é uma técnica de extração de características utilizada para a deteção de objectos. Calcula histogramas de orientações de gradiente numa imagem, captando a distribuição das direcções dos bordos. As características HOG são depois utilizadas para treinar classificadores para detetar objectos com características distintas de textura e forma.
- **Aprendizagem profunda para deteção:** As abordagens de aprendizagem profunda, particularmente as redes neurais convolucionais (CNNs), revolucionaram a deteção de objectos. Modelos como YOLO (You Only Look Once) e Faster R-CNN empregam arquiteturas de CNN profundas para prever simultaneamente a localização de objetos e classificar classes de objetos em uma imagem. Estes métodos oferecem uma elevada precisão e são capazes de detetar vários objectos em tempo real.

Algoritmos de seguimento, como os filtros de Kalman e os filtros de partículas:

- **Filtros de Kalman:** Os filtros de Kalman são amplamente utilizados para o seguimento de objectos. São algoritmos recursivos que estimam o estado de um objeto com base numa série de medições com ruído. Os filtros de Kalman prevêem o estado futuro do objeto e corrigem a previsão utilizando as medições reais. São particularmente eficazes em cenários em que o movimento dos objectos segue um modelo linear.
- **Filtros de partículas:** Os filtros de partículas, também conhecidos como filtros de Monte Carlo, são utilizados para cenários de seguimento não lineares e não Gaussianos. Representam o estado do objeto utilizando um conjunto de partículas (pontos de amostragem) e actualizam iterativamente estas partículas com base em medições. Os filtros de partículas podem lidar com padrões de movimento complexos e incertezas no seguimento de objectos.

Tanto os filtros de Kalman como os filtros de partículas são cruciais para manter um seguimento preciso e suave de objectos em vídeos ou sequências de imagens. Estes algoritmos desempenham um papel vital em aplicações como a vigilância, o reconhecimento de objectos, a navegação e a robótica, em que a compreensão e a previsão do movimento de objectos são essenciais para obter resultados bem sucedidos.

1.14 Avanços na segmentação de imagens

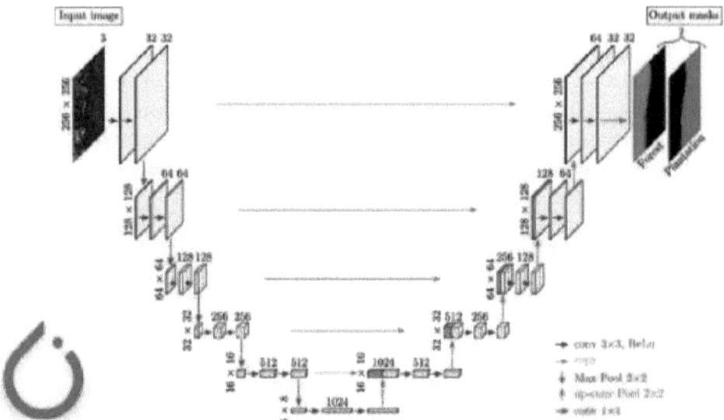

- Técnicas avançadas de segmentação como watershed e graph-cut.
- Introdução à segmentação semântica e à segmentação de instâncias.
- Abordagens de aprendizagem profunda para a segmentação de imagens utilizando redes neuronais convolucionais (CNN).

Técnicas avançadas de segmentação: Watershed e Graph-Cut:

- **Segmentação de bacias hidrográficas:** A segmentação de bacias hidrográficas trata uma imagem como um relevo topográfico em que a intensidade da escala de cinzentos representa a elevação. Começa por inundar a imagem com marcadores (sementes) e forma bacias à sua volta. As bacias representam regiões distintas, e as linhas de bacia hidrográfica são formadas nos limites. A segmentação por bacias hidrográficas é útil para segmentar objectos com limites bem definidos, mas pode ser sensível ao ruído.
- **Segmentação por corte de gráfico:** Os métodos de corte de gráficos formulam a segmentação de imagens como um problema de otimização num gráfico. Os pixels são nós, e as arestas representam relações de pares entre pixels. Os cortes de grafos são utilizados para dividir o grafo em segmentos que minimizam a função de custo, que combina termos de dados (relacionados com a semelhança de pixéis) e termos de suavidade (encorajando os pixéis adjacentes semelhantes a estarem no mesmo segmento).

Introdução à Segmentação Semântica e à Segmentação de Instâncias:

- **Segmentação semântica:** A segmentação semântica atribui uma etiqueta (classe) a cada pixel de uma imagem, delineando as diferentes regiões ou objectos presentes. Fornece uma compreensão detalhada da semântica da cena e é utilizada em tarefas como o reconhecimento de objectos, a compreensão da cena e a condução autónoma.
- **Segmentação de instâncias:** A segmentação de instâncias leva a segmentação semântica um passo à frente, distinguindo instâncias individuais de objectos. Cada instância é rotulada de forma única, permitindo a separação precisa de objectos ou

instâncias sobrepostas numa imagem.

Abordagens de aprendizagem profunda para a segmentação de imagens utilizando redes neurais convolucionais (CNNs): A aprendizagem profunda revolucionou a segmentação de imagens com CNNs:

- **Redes totalmente convolucionais (FCNs):** As FCNs alargam as arquitecturas das CNN para previsões com base em pixels. Convertem camadas totalmente ligadas em camadas convolucionais, permitindo que as previsões retenham informações espaciais. As FCNs são utilizadas para a segmentação semântica.
- **U-Net:** A arquitetura da U-Net utiliza um design de rede em forma de U, com um caminho de contração (redução da amostragem) e um caminho de expansão (aumento da amostragem) para recuperar detalhes finos. A U-Net é adequada para a segmentação de imagens biomédicas.
- **DeepLab:** O DeepLab utiliza convoluções atrésicas (dilatadas) para capturar informações contextuais em várias escalas. Ele se destaca na segmentação de objetos com tamanhos e escalas variados.
- **Máscara R-CNN:** A R-CNN de máscara combina a deteção de objectos com a segmentação de instâncias. Estende o Faster R-CNN adicionando um ramo de máscara para prever máscaras binárias para cada instância.

Estes métodos de aprendizagem profunda alcançaram um desempenho notável em tarefas de segmentação de imagens, reduzindo significativamente a necessidade de engenharia manual de características. Contribuem para os avanços na imagiologia médica, nos sistemas autónomos, na deteção de objectos, etc., em que uma segmentação precisa e eficiente é crucial para a compreensão dos dados visuais.

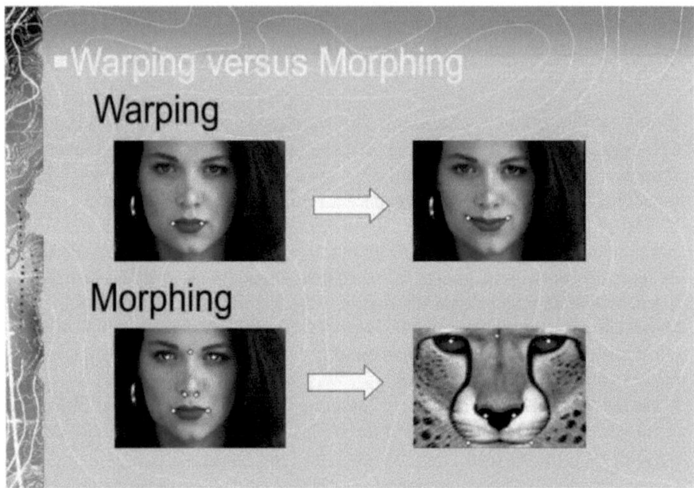

- Explicação pormenorizada das técnicas de transformação de imagens.
- Aplicação de morphing em entretenimento e efeitos especiais.
- Introdução à deformação de imagens e ao seu papel na costura de imagens panorâmicas.

Explicação detalhada das técnicas de transformação de imagens: A transformação de imagens é uma técnica criativa e intrigante que consiste em transformar suavemente uma imagem noutra através de uma série de fotogramas intermédios. Cria uma transição visualmente suave entre duas imagens, distorcendo e misturando gradualmente os seus pixéis. O processo pode ser resumido da seguinte forma:

1. **Correspondência de características:** Identificar características ou pontos correspondentes nas imagens de origem e de destino. Estas características actuam como pontos de ancoragem para o processo de transformação.
2. **Deformação:** Para cada fotograma intermédio, interpolar as posições dos pontos característicos entre as imagens de origem e de destino. Esta interpolação cria um efeito de "deformação" que transforma a estrutura de uma imagem na outra.
3. **Dissolução cruzada:** Mistura os valores de pixel das imagens de origem e de destino distorcidas com base num parâmetro (normalmente variando de 0 a 1) para criar uma transição suave. Num extremo, apenas a imagem de origem é visível e, no outro, apenas a imagem de destino é visível.

Através da aplicação iterativa de passos de deformação e dissolução cruzada, é gerada uma sequência de fotogramas, criando a ilusão de uma transformação perfeita entre as imagens de origem e de destino.

Aplicação de Morphing em espectáculos e efeitos especiais: O morphing tem aplicações generalizadas na indústria do entretenimento e dos efeitos especiais:

- **Transformação de personagens:** A transformação é utilizada para transformar personagens ou criaturas em filmes e animações. É utilizada para representar a progressão da idade, a mudança de forma e outras transformações visuais.
- **Efeitos visuais:** A transformação contribui para efeitos visuais fascinantes em que os objectos ou as cenas se transformam de forma fluida. É utilizado para representar transformações mágicas, transições entre cenas e outros efeitos cativantes.
- **Maquilhagem digital:** As técnicas de morphing são utilizadas para aplicar maquilhagem digital ou alterar a aparência de um ator, reduzindo a necessidade de maquilhagem física.
- **Vídeos musicais e anúncios publicitários:** A transformação adiciona um elemento surrealista e cativante aos vídeos musicais e publicitários, tornando os visuais mais cativantes e memoráveis.

Introdução à distorção de imagens e seu papel na costura de imagens panorâmicas: A distorção de imagens, também conhecida como transformação de imagens ou retificação de imagens, envolve a alteração da forma ou da configuração espacial de uma imagem. É fundamental na costura de imagens panorâmicas, em que várias imagens são combinadas para criar uma vista panorâmica sem descontinuidades. O processo normalmente envolve:

1. **Correspondência de características:** Identificar pontos ou características correspondentes em regiões sobrepostas das imagens.
2. **Estimativa de homografia:** Calcular uma homografia (matriz de transformação) que mapeia os pontos de uma imagem para outra. Isto tem em conta as diferenças de rotação, escala e perspetiva.
3. **Deformação e mistura:** Aplicar a homografia calculada para deformar uma imagem no espaço de coordenadas de outra. As regiões sobrepostas são misturadas para garantir transições suaves.

A costura de imagens panorâmicas utiliza a distorção de imagens para alinhar e fundir imagens captadas de diferentes pontos de vista num panorama coerente e contínuo. Encontra aplicações em fotografia, visitas virtuais, visualização de arquitetura e muito mais, proporcionando aos espectadores experiências visuais imersivas e expansivas.

1.16 Avanços na compressão de imagens

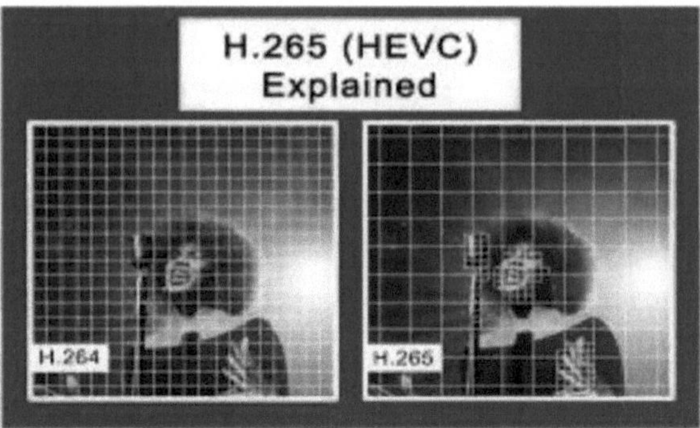

- Mergulhe profundamente nos algoritmos modernos de compressão de imagem.
- Introdução à codificação de vídeo de alta eficiência (HEVC) e suas melhorias em relação às normas anteriores.
- O papel das redes neuronais na compressão de imagens.

Mergulho profundo nos algoritmos modernos de compressão de imagem: Os algoritmos de compressão de imagem modernos têm como objetivo atingir rácios de compressão elevados, mantendo a qualidade percetual da imagem. Utilizam frequentemente técnicas avançadas para explorar as redundâncias nas imagens e representar os dados de forma eficiente. Alguns algoritmos de compressão de imagem modernos notáveis incluem:

- **JPEG 2000:** Uma melhoria em relação ao JPEG original, o JPEG 2000 utiliza transformações wavelet para uma compressão e qualidade superiores. Suporta compressão com e sem perdas, transmissão progressiva e codificação de região de interesse.
- **WebP:** Desenvolvido pela Google, o WebP utiliza a compressão com e sem perdas. Utiliza a codificação preditiva e a codificação de entropia para conseguir uma compressão eficiente. O WebP é particularmente popular para imagens da Web devido aos seus pequenos tamanhos de ficheiro e suporte de transparência.
- **BPG (Better Portable Graphics):** O BPG combina a compressão de vídeo HEVC com a compressão de imagem estática. Oferece rácios de compressão impressionantes, preservando a qualidade visual, o que o torna adequado para imagens de alta resolução.
- **FLIF (Free Lossless Image Format):** O FLIF utiliza uma abordagem única de codificação aritmética binária adaptável ao contexto. Atinge rácios de compressão sem perdas competitivos e é conhecido pela sua caraterística de entrelaçamento progressivo.

Introdução à codificação de vídeo de alta eficiência (HEVC) e suas melhorias: A Codificação de Vídeo de Alta Eficiência (HEVC), também conhecida como H.265, é um padrão de compressão de vídeo projetado para suceder o H.264 (Codificação de Vídeo

Avançada, AVC). O HEVC melhora significativamente a eficiência da compressão em relação ao seu antecessor, utilizando técnicas de codificação mais avançadas, como tamanhos de bloco maiores, compensação de movimento melhorada e codificação de entropia melhorada. O HEVC consegue uma redução da taxa de bits de cerca de 50% para a mesma qualidade percetual em comparação com o H.264, o que o torna altamente eficiente para a transmissão e o armazenamento de vídeo.

O HEVC introduz várias melhorias importantes:

- **Tamanhos de bloco maiores:** O HEVC suporta tamanhos de bloco maiores para compensação de movimento, permitindo um melhor tratamento de padrões de movimento complexos.
- **Mais opções de codificação:** O HEVC oferece mais flexibilidade em termos de unidades de árvore de codificação, modos de previsão e tamanhos de transformação.
- **Previsão intra melhorada:** Os modos de previsão intra são expandidos no HEVC, permitindo uma melhor exploração das redundâncias espaciais.
- **Codificação de entropia melhorada:** O HEVC utiliza um esquema de codificação de entropia mais avançado (codificação aritmética binária adaptável ao contexto) que melhora a eficiência da codificação.

O papel das redes neuronais na compressão de imagens: As redes neuronais estão a revolucionar vários domínios, incluindo a compressão de imagens. Podem ser utilizadas para aprender representações altamente eficientes de dados de imagem, conduzindo a melhores rácios de compressão e qualidade de imagem reconstruída. Os modelos de compressão de imagem baseados em redes neurais são geralmente constituídos por dois componentes principais:

- **Codificador:** Uma rede neuronal codifica a imagem de entrada numa representação compacta, frequentemente designada por "código latente" ou "gargalo".
- **Descodificador:** Outra rede neuronal descodifica o código latente de volta para uma imagem reconstruída.

Ao treinar estas redes em grandes conjuntos de dados, podem aprender a representar eficazmente as imagens no espaço latente, captando as informações mais importantes e descartando os pormenores menos relevantes. Os modelos de compressão de imagem baseados em redes neuronais estão a mostrar resultados promissores, ultrapassando os limites da eficiência e da qualidade da compressão.

1.17 Processamento de imagens 3D

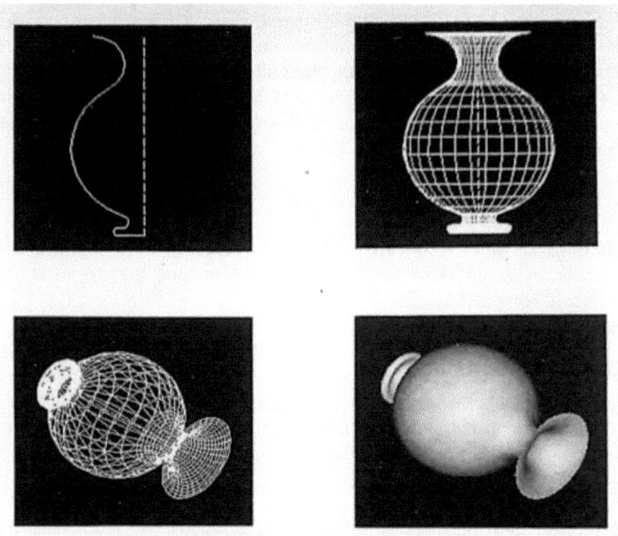

Fig: Rendering the object using Gouraud Shading

- Introdução ao processamento de imagens 3D e suas aplicações em imagiologia médica, robótica e muito mais.
- Técnicas de processamento e análise de dados volumétricos 3D.
- Visão geral dos métodos de visualização 3D.

Introdução ao processamento de imagens 3D e suas aplicações: O processamento de imagens 3D envolve a manipulação, análise e visualização de dados tridimensionais obtidos de várias fontes, tais como modalidades de imagiologia médica, desenho assistido por computador (CAD), deteção remota, etc. A terceira dimensão acrescenta profundidade e informação espacial às imagens, permitindo uma compreensão mais abrangente de estruturas e cenários complexos. As aplicações do processamento de imagens 3D incluem imagiologia médica para diagnóstico e planeamento de tratamentos precisos, robótica para perceção e navegação no ambiente, modelação geológica, inspeção industrial e entretenimento.

Técnicas de processamento e análise de dados volumétricos 3D: O processamento e a análise de dados volumétricos 3D requerem técnicas especializadas:

- **Segmentação:** A segmentação 3D envolve a partição de dados volumétricos em regiões significativas, utilizando frequentemente métodos como o crescimento de regiões, limiarização e técnicas de conjunto de níveis. Na imagiologia médica,

34

ajuda a isolar órgãos ou tecidos para análise.

- **Registo:** O registo 3D alinha vários conjuntos de dados 3D para permitir a comparação ou a fusão. É crucial na imagiologia médica para alinhar digitalizações de diferentes pontos temporais ou modalidades.
- **Reconstrução de superfícies:** A partir de dados volumétricos, as superfícies dos objectos podem ser reconstruídas utilizando técnicas como Marching Cubes ou Marching Tetrahedra, criando modelos 3D para visualização.
- **Renderização de volume:** Esta técnica transforma dados volumétricos em imagens 2D, simulando a interação da luz com os dados. Fornece informações sobre as estruturas internas, como se vê nas imagens médicas.

Visão geral dos métodos de visualização 3D: A visualização de dados 3D é essencial para a compreensão de estruturas complexas:

- **Renderização de isosuperfícies:** Este método extrai superfícies de dados volumétricos utilizando técnicas de contorno, realçando valores de limiar ou estruturas específicas.
- **Renderização direta do volume:** Renderiza o volume diretamente tendo em conta as propriedades ópticas dos dados, fornecendo representações realistas dos dados.
- **Renderização baseada em cortes:** Os cortes 2D são extraídos do volume e apresentados para criar uma vista em camadas, frequentemente utilizada em imagiologia médica para análise de secções transversais.
- **Renderização de superfícies:** As superfícies dos objectos dentro do volume são apresentadas, oferecendo representações claras de estruturas complexas.
- **Realidade Virtual (RV) e Realidade Aumentada (RA):** Estas tecnologias imersivas permitem aos utilizadores interagir com dados 3D em tempo real, oferecendo aplicações em formação médica, visualização arquitetónica e muito mais.

Em resumo, o processamento de imagens 3D alarga as capacidades do processamento de imagens tradicional para captar e analisar dados volumétricos, abrindo novos caminhos em áreas como a medicina, a engenharia e o entretenimento. Ao empregar técnicas especializadas e métodos de visualização, o processamento de imagens 3D permite a compreensão de estruturas complexas e apoia a tomada de decisões informadas em várias aplicações.

1.18 Processamento de imagens na aprendizagem automática

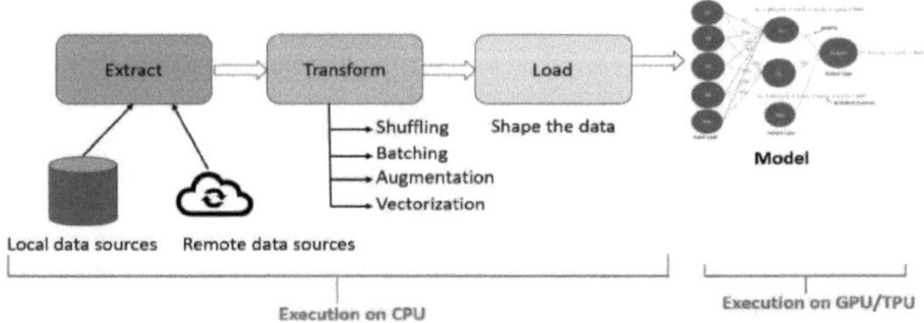

- Integração do processamento de imagens em pipelines de aprendizagem automática.
- Etapas de pré-processamento para treinar modelos de aprendizagem profunda em imagens.
- O papel do aumento de dados na melhoria do desempenho do modelo.

Integração do processamento de imagens em pipelines de aprendizagem automática: O processamento de imagens desempenha um papel vital nos pipelines de aprendizagem automática, especialmente quando se trabalha com dados de imagem. Envolve uma série de operações que preparam, melhoram e optimizam as imagens antes de serem introduzidas nos modelos de aprendizagem automática. Estas operações podem incluir o redimensionamento, a normalização, a redução de ruído e a extração de características. O processamento de imagens garante que os dados estão num formato e qualidade adequados para a formação e inferência, melhorando, em última análise, o desempenho dos modelos de aprendizagem automática.

Etapas de pré-processamento para treinar modelos de aprendizagem profunda em imagens: O pré-processamento eficaz é crucial quando se treinam modelos de aprendizagem profunda em imagens:

- **Redimensionamento:** As imagens são redimensionadas para uma resolução consistente para garantir uniformidade e reduzir a complexidade computacional.
- **Normalização:** Os valores dos pixels são escalados para um determinado intervalo (por exemplo, [0, 1] ou [-1, 1]) para melhorar a convergência durante o treino.
- **Aumento de dados:** As técnicas de aumento, como rotação, inversão e corte, introduzem variabilidade nos dados de treino, reduzindo o sobreajuste e melhorando a generalização do modelo.
- **Redução de ruído:** A aplicação de filtros como a desfocagem gaussiana ou a filtragem mediana pode reduzir o ruído nas imagens.
- **Equalização de histograma:** Aumenta o contraste e melhora a visibilidade dos

detalhes da imagem.
- **Extração de características:** A extração de características relevantes (por exemplo, arestas, texturas) de imagens pode simplificar os dados e destacar informações importantes.

Papel do aumento de dados na melhoria do desempenho do modelo: O aumento de dados é uma técnica utilizada para aumentar artificialmente a diversidade do conjunto de dados de treino, aplicando várias transformações às imagens originais. Tem várias vantagens:

- **Generalização melhorada:** Os dados aumentados introduzem variações que o modelo provavelmente encontrará em cenários do mundo real, melhorando a sua capacidade de generalização para dados novos e não vistos.
- **Redução do sobreajuste:** Ao introduzir aleatoriedade e diversidade, o aumento de dados ajuda a evitar que o modelo memorize os dados de treino, reduzindo o sobreajuste.
- **Modelos mais robustos:** Os modelos treinados com dados aumentados são mais resistentes às variações de iluminação, escala, rotação e outros factores que podem estar presentes nos dados do mundo real.
- **Conjunto de dados efetivo maior:** O aumento de dados aumenta efetivamente o tamanho do conjunto de dados de treino sem exigir amostras rotuladas adicionais.

Os exemplos de aumento de dados incluem rotações aleatórias, inversões horizontais ou verticais, cortes aleatórios e oscilações de cor. É uma ferramenta essencial para treinar modelos de aprendizagem profunda, especialmente quando os dados rotulados disponíveis são limitados.

A incorporação do processamento de imagens e do aumento de dados nos pipelines de aprendizagem automática garante que os modelos são treinados com dados de alta qualidade, diversificados e representativos, o que leva a um melhor desempenho do modelo e a uma melhor generalização para cenários do mundo real.

1.19 Considerações éticas no processamento de imagens

- Debate sobre as implicações éticas da manipulação e do tratamento de imagens.
- Importância da transparência e da honestidade na apresentação da imagem.
- Abordar as preocupações relacionadas com as falsificações profundas e a adulteração de imagens.

Debate sobre as implicações éticas da manipulação e tratamento de imagens: A manipulação e o processamento de imagens levantam importantes considerações éticas, especialmente numa era em que a tecnologia pode alterar as imagens de forma convincente. Algumas preocupações éticas incluem:

- **Deturpação:** As imagens manipuladas podem transmitir informações falsas, conduzindo a desinformação ou má interpretação. Isto pode afetar a tomada de decisões e a perceção do público.
- **Violação de privacidade:** A manipulação não autorizada de imagens pode invadir a privacidade ao alterar conteúdos pessoais ou sensíveis sem consentimento.
- **Sensibilidade cultural:** As imagens manipuladas podem perpetuar estereótipos, preconceitos culturais ou conteúdos ofensivos, conduzindo a danos e à perpetuação de narrativas negativas.
- **Autenticidade e confiança:** As imagens manipuladas corroem a confiança nas fontes de informação visual, afectando a credibilidade do jornalismo, da investigação e do discurso público.

Importância da transparência e da honestidade na apresentação de imagens: A transparência e a honestidade são essenciais na apresentação de imagens, especialmente em contextos como o jornalismo, a publicidade e a investigação científica:

- **Jornalismo:** O fotojornalismo deve representar com exatidão os acontecimentos para manter a credibilidade e informar o público de forma verdadeira.
- **Publicidade:** Os anúncios publicitários devem representar corretamente os produtos, evitando realces enganosos que induzam os consumidores em erro.
- **Investigação:** Na investigação científica, a apresentação transparente de imagens garante a integridade dos resultados e apoia a reprodutibilidade.
- **Arte e criatividade:** Em contextos criativos, a divulgação clara da manipulação digital ajuda o público a apreciar a intenção artística.

Responder às preocupações relacionadas com a falsificação profunda e a adulteração de imagens: As tecnologias de falsificação profunda e de adulteração de imagens suscitaram grandes preocupações:

- **Desinformação:** Os deepfakes podem criar vídeos ou imagens falsos convincentes, contribuindo para a disseminação de informações falsas.
- **Roubo de identidade:** Os deepfakes podem ser utilizados para roubo de identidade, em que a imagem de alguém é sobreposta a conteúdos manipulados.
- **Assédio:** Os deepfakes podem ser utilizados para fins maliciosos, como a criação de conteúdos explícitos falsos ou a difusão de material difamatório.

A resolução destas preocupações implica uma abordagem multifacetada:

- **Soluções tecnológicas:** Desenvolvimento de ferramentas para detetar e verificar conteúdos manipulados, ajudando na moderação de conteúdos e na verificação da autenticidade.
- **Quadros jurídicos:** Estabelecimento de regulamentos para responsabilizar indivíduos ou entidades pela utilização maliciosa de tecnologias de manipulação de imagens.
- **Literacia mediática:** Educar o público sobre a existência de deepfakes e de

manipulação de imagens, fomentando o pensamento crítico e o ceticismo.
- **Transparência:** As plataformas e os criadores de conteúdos devem rotular claramente os conteúdos manipulados ou sintéticos para informar os espectadores.

Em conclusão, as considerações éticas na manipulação e processamento de imagens abrangem questões de verdade, representação, privacidade e impacto social. A transparência, a responsabilidade e a utilização responsável destas tecnologias são essenciais para navegar pelas complexidades éticas e garantir a criação e o consumo responsáveis de conteúdos visuais.

1.20 Tendências futuras no processamento de imagens

- Exploração de tecnologias e tendências emergentes no processamento de imagens.
- O papel da IA e da aprendizagem automática no avanço das técnicas de processamento de imagem.
- Previsões sobre o modo como o processamento de imagens poderá evoluir nos próximos anos.

Exploração de tecnologias e tendências emergentes no processamento de imagens: Várias tecnologias e tendências emergentes estão a moldar o futuro do processamento de imagens:

- **Redes Adversariais Generativas (GANs):** As GANs revolucionaram a síntese de imagens e a transferência de estilos, permitindo a geração realista de imagens e transformações artísticas.
- **Aprendizagem por transferência:** A aprendizagem por transferência permite que os modelos de aprendizagem profunda pré-treinados sejam adaptados a novas tarefas com dados limitados, tornando o processamento de imagens mais acessível e eficiente.
- **Computação de borda:** A computação de ponta aproxima o processamento de imagens da fonte de dados, reduzindo a latência e permitindo a análise de imagens em tempo real em dispositivos de ponta, como smartphones e dispositivos IoT.
- **Processamento quântico de imagens:** A computação quântica é promissora para resolver problemas de processamento de imagem a velocidades sem precedentes, beneficiando tarefas como a reconstrução e otimização de imagens.
- **IA explicável (XAI):** À medida que os modelos de IA se tornam mais complexos, as técnicas de XAI têm como objetivo fornecer informações sobre a forma como as decisões são tomadas em tarefas de processamento de imagem, aumentando a confiança e a interpretabilidade.

O papel da IA e da aprendizagem automática no avanço das técnicas de processamento de imagem: A IA e a aprendizagem automática desempenham um papel central no avanço das técnicas de processamento de imagem:

- **Precisão melhorada:** Os modelos de aprendizagem profunda alcançaram resultados de ponta em tarefas como o reconhecimento de imagens, a segmentação e a deteção de objectos, ultrapassando os métodos tradicionais.
- **Extração automatizada de características:** Os modelos de IA podem aprender automaticamente características relevantes a partir dos dados, eliminando a necessidade de engenharia manual de características.
- **Eficiência melhorada:** A IA acelera as tarefas de processamento de imagem, permitindo aplicações em tempo real e quase em tempo real, como a análise de vídeo, veículos autónomos e robótica.
- **Robustez e adaptabilidade:** Os modelos de IA podem lidar com variações e complexidades nas imagens, tornando-os mais resistentes a alterações na iluminação, no ponto de vista e na oclusão.

Previsões sobre como o processamento de imagens pode evoluir nos próximos anos: É provável que o processamento de imagens sofra avanços significativos nos próximos anos:

- **Integração contínua da IA:** A IA desempenhará um papel cada vez mais importante em várias aplicações de processamento de imagem, melhorando a precisão e a eficiência.
- **Processamento interativo e em tempo real:** O processamento de imagens tornar-se-á mais interativo, permitindo aos utilizadores manipular imagens em tempo real, possibilitando a realidade aumentada e experiências imersivas.
- **Personalização e customização:** O processamento de imagens será adaptado às preferências individuais, permitindo filtros personalizados, melhorias de imagem e efeitos de RA.

- **Processamento multimodal:** O processamento de imagens integrar-se-á com outras modalidades, como o áudio e o texto, permitindo a análise e a compreensão multimodais.
- **Considerações éticas e de privacidade:** À medida que a manipulação de imagens se torna mais sofisticado, será dada maior atenção à resolução de problemas éticos, à garantia da transparência e à proteção da privacidade.
- **Soluções específicas por domínio:** Surgirão soluções especializadas de processamento de imagem para domínios específicos, como os cuidados de saúde, a agricultura e o entretenimento, respondendo a desafios e requisitos únicos.
- **IA explicável e transparente:** à medida que a IA se torna mais difundida, a necessidade de explicabilidade e transparência nos modelos de processamento de imagem irá aumentar para ganhar a confiança dos utilizadores e cumprir os regulamentos.

CAPÍTULO 2

GEOMETRIA PROJECTIVA 2-D, HOMOGRAFIA E
PROPRIEDADES DA HOMOGRAFIA

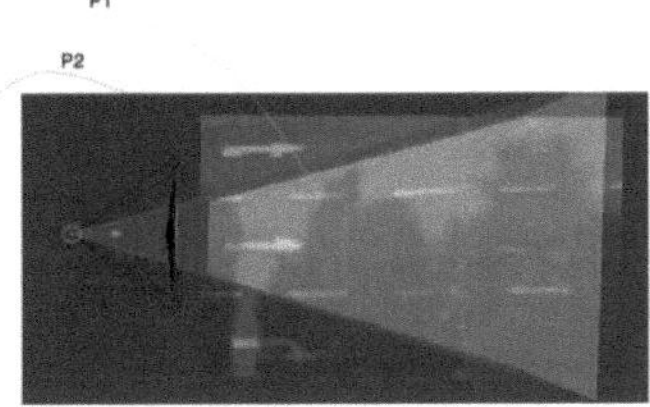

Geometria projectiva 2-D: A geometria projectiva 2-D é uma estrutura matemática que trata das propriedades dos objectos geométricos (pontos, rectas e cónicas) sob projeçao. Na geometria projectiva, as rectas paralelas encontram-se num ponto no infinito e não há distinção entre pontos no infinito e pontos finitos. Este conceito é fundamental na visão por computador e no processamento de imagens, pois permite-nos lidar com transformações de perspetiva e projecções de câmaras.

Conceitos-chave em Geometria Projectiva 2-D:

1. **Transformação projectiva:** Uma transformação projectiva é um mapeamento que preserva a colinearidade (pontos situados numa linha) e a incidência (pontos situados numa cónica). Inclui transformações afins (translação, rotação, escala) e transformações de perspetiva (mudanças de ponto de vista).

2. **Coordenadas Homogéneas:** Na geometria projectiva, os pontos são representados utilizando coordenadas homogéneas (x, y, w), em que (x, y) são as coordenadas cartesianas e w é um fator de escala. As coordenadas homogéneas permitem-nos representar pontos no infinito e realizar transformaçoes projectivas como multiplicações de matrizes.

3. **Razão de Cruzamento:** A razão transversal é um invariante da geometria projectiva, útil para medir razões entre quatro pontos colineares. Permanece inalterada sob transformações projectivas.

Homografia: Uma homografia é um tipo específico de transformação projectiva que descreve a relação entre dois conjuntos de pontos numa imagem devido a uma transformação plana. É uma matriz 3x3 que mapeia pontos de um plano para outro. As homografias são amplamente utilizadas na visão computacional para tarefas como a retificação de imagens, a costura de panoramas e a calibração de câmaras.

Matematicamente, uma matriz de homografia H é definida como:

css

[x']   [h11 h12 h13] [x]

[y'] = [h21 h22 h23] [y]

[w]   [h31 h32 h33] [w]

Propriedades da homografia:

1. **Preservação da colinearidade:** Uma homografia preserva a colinearidade, o que significa que se três pontos forem colineares numa imagem, os seus pontos correspondentes na outra imagem também serão colineares.

2. **Mapeamento de cónicas:** As homografias preservam a relação cruzada de quatro pontos, tornando-as ideais para mapear cónicas (por exemplo, círculos, elipses) de uma imagem para outra.

3. **Superfícies planas:** As homografias modelam as transformações entre duas superfícies planas. Se a cena envolver objectos não planos, podem ser necessárias várias homografias para captar toda a transformação.

4. **Perspetiva da câmara:** Na visão por computador, as homografias são utilizadas para corrigir ou simular efeitos de perspetiva da câmara. São cruciais para tarefas como a retificação de imagens e a costura de panoramas.

5. **Estimativa de homografia:** Dados os pontos correspondentes em duas imagens, a estimativa da homografia consiste em encontrar a matriz 3x3 H que transforma os pontos de uma imagem para a outra. Isto pode ser conseguido utilizando métodos como a Transformada Linear Direta (DLT) ou técnicas robustas como o RANSAC.

As homografias desempenham um papel central em muitas aplicações de processamento de imagem e visão por computador, permitindo a análise de transformações planares entre imagens tiradas de diferentes pontos de vista ou sob diferentes condições. Constituem uma ferramenta poderosa para compreender e manipular a geometria das imagens.

CAPÍTULO 3

GEOMETRIA DA CÂMARA

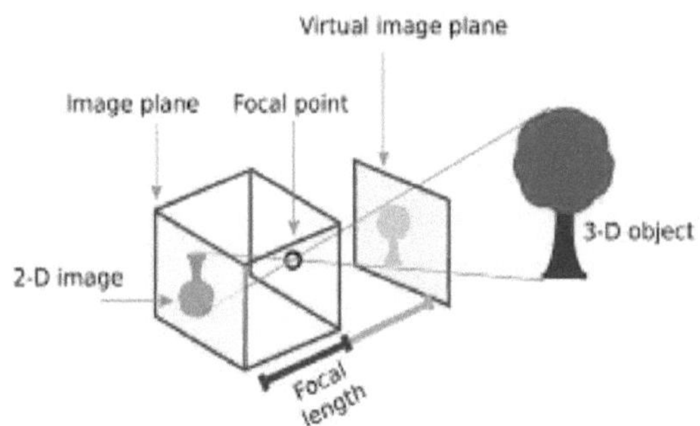

Introdução

- Importância da geometria da câmara em aplicações de visão por computador.
- Breve resumo dos temas tratados no capítulo.

3.1 Modelo de câmara pinhole

- Explicação do modelo de câmara pinhole.
- Derivação das equações de projeção em perspetiva.
- Introdução aos parâmetros intrínsecos e extrínsecos da câmara.

Explicação do modelo de câmara pinhole: O modelo de câmara pinhole é uma representação simplificada de como os raios de luz passam através de um pequeno orifício (ou abertura) e projectam uma imagem numa superfície fotossensível, como um filme ou um sensor de imagem. Este modelo serve como um conceito fundamental na visão computacional e na computação gráfica, fornecendo informações sobre os princípios da projeção em perspetiva.

No modelo de câmara pinhole:

44

- O orifício representa a abertura através da qual a luz entra.
- Os raios de luz viajam em linhas rectas desde a cena até ao plano de imagem.
- O plano de imagem é onde a imagem final é formada.
- Os objectos mais próximos do orifício aparecem maiores no plano da imagem, simulando a perspetiva.

Este modelo capta os princípios básicos da perspetiva, em que os objectos distantes parecem mais pequenos do que os próximos.

Derivação das equações de projeção de perspetiva: As equações de projeção em perspetiva relacionam as coordenadas 3D dos pontos de uma cena com as suas coordenadas 2D no plano da imagem. A derivação envolve triângulos semelhantes e pode ser resumida da seguinte forma:

Considere um ponto P(x, y, z) no espaço 3D e a sua projeção p(u, v) no plano da imagem. O plano de imagem é colocado a uma distância f (distância focal) do orifício. Utilizando triângulos semelhantes, podemos derivar as seguintes equações de projeção em perspetiva:

$$u = (f * x) / z \quad v = (f * y) / z$$

Aqui, (u, v) representa as coordenadas de imagem do ponto, e (x, y, z) representa as coordenadas do ponto correspondente no espaço 3D.

Introdução aos parâmetros intrínsecos e extrínsecos da câmara: Os parâmetros intrínsecos e extrínsecos da câmara são conceitos cruciais na visão por computador para compreender as propriedades e a posição de uma câmara no mundo 3D.

- **Parâmetros intrínsecos da câmara:** Estes parâmetros são internos à câmara e definem as suas características internas. Incluem:
    - Distância focal (f): Distância entre o orifício da câmara e o plano da imagem.
    - Ponto principal (c_x, c_y): As coordenadas do centro da imagem em píxeis.
    - Coeficientes de distorção da lente: Factores que têm em conta as imperfeições da lente.
- **Parâmetros extrínsecos da câmara:** Estes parâmetros descrevem a posição e a orientação da câmara no mundo:
    - Matriz de rotação (R): descreve a forma como a câmara é rodada no espaço 3D.
    - Vetor de translação (T): Representa a posição da câmara em coordenadas mundiais.

Em conjunto, os parâmetros intrínsecos e extrínsecos permitem o mapeamento entre o mundo 3D e o plano de imagem 2D. São essenciais para tarefas como a calibração da câmara, a reconstrução 3D e a realidade aumentada, em que a compreensão exacta das propriedades e da posição da câmara é vital para uma análise precisa e para a interação com o ambiente.

3.2 Calibração da câmara

- A necessidade de calibração da câmara na visão por computador.
- Calibração intrínseca: distância focal, ponto principal, distorção da lente.
- Calibração extrínseca: matrizes de rotação e translação.

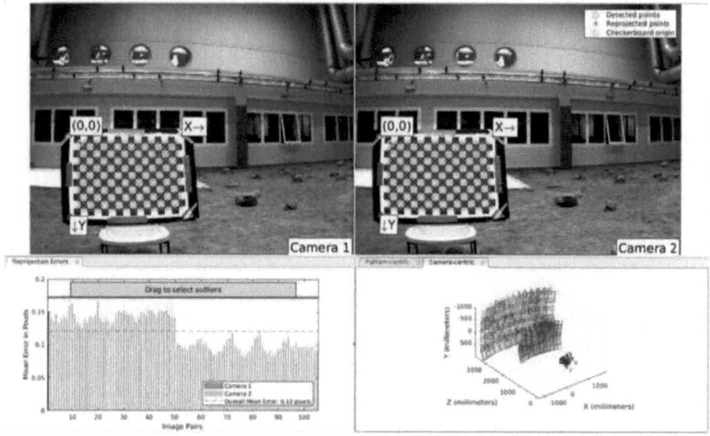

A necessidade de calibração da câmara na visão por computador: A calibração de câmaras é um processo crítico na visão por computador que envolve a determinação da relação matemática entre o mundo 3D e a imagem 2D captada por uma câmara. É essencial porque as câmaras do mundo real introduzem frequentemente distorções e imperfeições que afectam a precisão das medições e análises efectuadas nas imagens. A calibração garante que os algoritmos de visão por computador podem interpretar e analisar imagens com precisão, conduzindo a resultados mais fiáveis. Algumas razões para a calibração da câmara incluem:

- **Medições exactas:** A calibração corrige as distorções das lentes, assegurando que as medições na imagem correspondem corretamente às medições físicas no mundo real.
- **Reconstrução 3D:** A calibração da câmara é crucial para reconstruir com precisão a geometria 3D de uma cena a partir de várias imagens.
- **Seguimento de objectos:** São necessários parâmetros de câmara precisos para seguir objectos através de fotogramas em vídeos.
- **Realidade aumentada:** Nas aplicações de RA, é necessária uma calibração precisa para sobrepor objectos virtuais à cena do mundo real sem problemas.

Calibração intrínseca: Distância focal, ponto principal, distorção da lente: A calibragem intrínseca centra-se nas características internas da câmara que afectam a forma como a luz é projectada no sensor de imagem ou na película:

- **Distância focal (f):** A distância entre a objetiva da câmara e o sensor de imagem (ou filme). Afecta a escala da imagem captada.

- **Ponto Principal (c_x, c_y):** As coordenadas de imagem do centro ótico da câmara, onde o eixo ótico intersecta o plano de imagem.
- **Coeficientes de distorção da lente:** Estes coeficientes têm em conta as imperfeições da lente da câmara, tais como as distorções radiais e tangenciais que fazem com que as linhas rectas pareçam curvas ou distorcidas.

A calibração intrínseca é normalmente efectuada utilizando padrões de calibração com geometrias conhecidas e técnicas como o método de Zhang ou o método de Tsai.

Calibração extrínseca: Matrizes de rotação e translação: A calibração extrínseca lida com a posição e orientação da câmara no mundo:

- **Matriz de rotação (R):** Descreve como a câmara é rodada em relação ao sistema de coordenadas do mundo.
- **Vetor de translação (T):** Representa a posição da câmara em coordenadas
mundiais.

A calibração extrínseca estabelece a relação espacial entre a câmara e a cena. É frequentemente realizada através da captura de imagens de padrões de calibração a partir de diferentes pontos de vista e, em seguida, utilizando cálculos geométricos para determinar a pose da câmara.

Tanto a calibração intrínseca como a extrínseca são essenciais para interpretar com precisão as imagens e permitir que os algoritmos de visão por computador efectuem medições, reconstruções e análises precisas do mundo real.

3.3 Formação da imagem

- Debate sobre a formação de imagens numa câmara.
- Traçado de raios e projeção do mundo 3D para o plano de imagem 2D.
- Coordenadas de pixéis e resolução de imagem.

Discussão de como as imagens são formadas numa câmara: As imagens são formadas numa câmara através de um processo que envolve a interação dos raios de luz com vários componentes ópticos. Os principais passos deste processo são os seguintes:

1. **Entrada de luz:** A luz da cena entra na câmara através da lente.
2. **Abertura e íris:** A abertura controla a quantidade de luz que entra na câmara, enquanto a íris ajusta o tamanho da abertura com base nas condições de iluminação.
3. **Refração da lente:** A lente refracta (dobra) os raios de luz que entram, fazendo-os convergir para um ponto chamado ponto focal.
4. **Ponto focal:** O ponto onde todos os raios de luz convergentes se encontram é o ponto focal. Corresponde à localização do sensor de imagem (ou filme) nas câmaras digitais e de filme, respetivamente.
5. **Sensor de imagem (película):** O sensor de imagem (ou película) regista a intensidade da luz em diferentes pontos, formando um padrão de regiões claras e escuras.
6. **Obturador:** O obturador controla a duração da exposição da luz no sensor, determinando a quantidade de luz que chega a cada ponto.
7. **Formação da imagem:** O padrão de luz registado no sensor (ou película) forma uma imagem que representa a cena.

Traçado de raios e projeção do mundo 3D para o plano de imagem 2D: O traçado de raios é um conceito fundamental que explica como os raios de luz de uma cena 3D são projectados num plano de imagem 2D. O processo envolve o traçado do caminho dos raios de luz à medida que estes percorrem o sistema ótico da câmara:

1. Um raio é lançado de um ponto no mundo 3D através do orifício da câmara (ou centro da lente).
2. O raio intersecta o plano da imagem num ponto específico, criando uma projeção 2D do ponto 3D.
3. A intensidade registada no ponto de intersecção corresponde à cor e ao brilho do pixel

na imagem final.

Este processo de projeção simula a forma como a luz interage com a ótica da câmara, criando uma representação da cena 3D no plano de imagem 2D.

Coordenadas de pixel e resolução de imagem: As coordenadas de pixel determinam a localização dos pontos no plano da imagem 2D. Cada pixel numa imagem digital tem uma coordenada (u, v) única, em que 'u' representa a posição horizontal (coluna) e 'v' representa a posição vertical (linha).

A resolução da imagem refere-se ao número de píxeis numa imagem, muitas vezes expresso como largura x altura (por exemplo, 1920x1080 píxeis). As imagens com uma resolução mais elevada contêm mais pixéis, capturando detalhes mais finos e fornecendo mais informações.

O tamanho do pixel afecta o nível de detalhe captado pela câmara. Os pixels mais pequenos captam mais detalhes, mas podem provocar ruído em condições de pouca luz. Os pixels maiores têm melhor desempenho em ambientes com pouca luz, mas podem sacrificar os detalhes.

A compreensão das coordenadas dos píxeis e da resolução da imagem é crucial para tarefas como o processamento de imagens, a visão por computador e a calibração de câmaras, uma vez que tem impacto na interpretação e manipulação exactas dos dados visuais.

3.4 Estimativa da pose da câmara

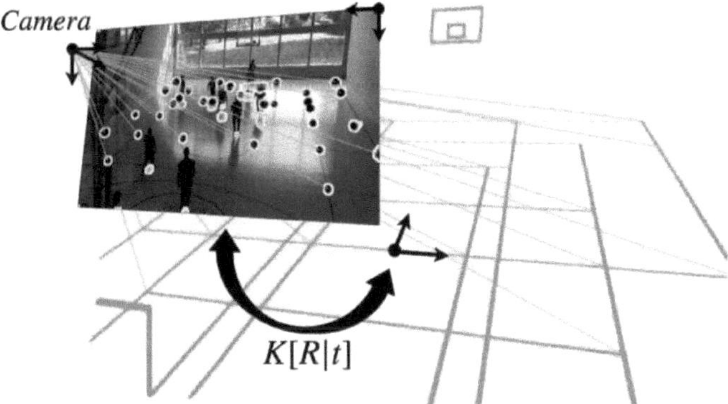

- Métodos para estimar a pose de uma câmara em relação à cena.
- Problema Perspective-n-Point (PnP) e suas soluções.
- Aplicações da estimativa da pose da câmara em realidade aumentada e robótica.

Métodos para estimar a pose de uma câmara relativamente à cena: Estimar a pose de uma câmara (a sua posição e orientação) em relação ao cenário é uma tarefa crucial na visão por computador. São utilizados vários métodos para estimar a pose da câmara:

1. **Transformação Linear Direta (DLT):** Este método utiliza um conjunto de pontos 2D-3D correspondentes para resolver a pose da câmara. Envolve a resolução de um sistema linear de equações.
2. **Perspetiva-n-Ponto (PnP):** Os métodos PnP utilizam um conjunto mínimo de pontos 2D-3D correspondentes para estimar a pose da câmara. É amplamente utilizado e robusto para a estimativa da pose.
3. **RANSAC (Consenso de amostras aleatórias):** O RANSAC é um método iterativo que lida com os outliers nas correspondências, tornando-o robusto para a estimativa de pose na presença de ruído.
4. **Ajuste de pacotes:** O ajuste do pacote optimiza as poses da câmara e os pontos 3D simultaneamente, minimizando o erro de reprojecção.
5. **Otimização não linear:** Os métodos de otimização iterativa, como Levenberg-Marquardt, podem refinar as estimativas iniciais para melhorar a precisão da pose.

Problema Perspective-n-Point (PnP) e suas soluções: O problema PnP consiste em estimar a pose da câmara tendo em conta um conjunto de pontos de imagem 2D e os correspondentes pontos do mundo 3D. É normalmente utilizado para calibrar uma câmara ou em aplicações como a robótica e a realidade aumentada.

As soluções para o problema da PnP incluem:

1. **EPnP (Efficient PnP):** Um método rápido e preciso que resolve diretamente a rotação e a translação da câmara utilizando uma abordagem de otimização não linear.
2. **UPnP (PnP não calibrado):** Funciona sem necessidade de conhecimento prévio dos parâmetros intrínsecos da câmara.
3. **APnP (Absolute PnP):** Uma melhoria em relação ao EPnP, fornece uma solução mais estável ao considerar a informação da pose absoluta.

Aplicações da estimativa da pose da câmara em realidade aumentada e robótica: A estimativa da pose da câmara tem aplicações profundas tanto na realidade aumentada (RA) como na robótica:

Realidade Aumentada (RA):

- **Seguimento sem marcadores:** Nas aplicações de RA, a estimativa da pose da câmara permite que os objectos virtuais sejam corretamente posicionados e ancorados no mundo real sem a necessidade de marcadores.
- **Interação de objectos:** A estimativa exacta da pose permite que os objectos virtuais interajam de forma realista com o ambiente físico, melhorando a experiência do utilizador.
- **Colocação de objectos virtuais:** A estimativa de pose ajuda a posicionar objectos virtuais em superfícies e a alinhá-los com a cena, criando uma mistura perfeita de

conteúdo real e virtual.

Robótica:

- **Odometria visual:** A estimativa da pose é crucial para os robôs navegarem num ambiente. A odometria visual estima a pose do robô com base em sequências de imagens, auxiliando a navegação e o mapeamento.
- **Manipulação de objectos:** Os robôs precisam de informações precisas sobre a pose para tarefas como agarrar objectos, montar peças e interagir com o ambiente.
- **Localização e mapeamento simultâneos (SLAM):** A estimativa da pose é um componente chave dos algoritmos SLAM, permitindo aos robots mapear o seu ambiente e simultaneamente localizarem-se dentro dele.

Tanto na RA como na robótica, a estimativa exacta da pose da câmara facilita a interação em tempo real com o ambiente, melhora a consciência situacional e permite a tomada de decisões inteligentes com base em dados visuais.

3.5 Geometria Epipolar

- Introdução à geometria epipolar e à restrição epipolar.
- Geometria epipolar para visão estéreo e estimativa de profundidade.
- A matriz fundamental e o seu papel na geometria epipolar.

Introdução à Geometria Epipolar e à Restrição Epipolar: A geometria epipolar é um conceito fundamental na visão por computador que relaciona a geometria de duas vistas de câmara que observam a mesma cena. Fornece informações sobre a relação entre pontos correspondentes em imagens estéreo e é crucial para tarefas como a visão estéreo, a reconstrução 3D e a calibração de câmaras.

A restrição epipolar afirma que, dado um ponto numa imagem, o ponto correspondente na outra imagem encontra-se numa linha chamada linha epipolar. A restrição epipolar simplifica o processo de correspondência entre imagens estéreo, uma vez que limita a procura de pontos correspondentes a uma linha 1D em vez de procurar em toda a imagem.

Geometria epipolar para visão estéreo e estimativa de profundidade: A geometria epipolar é fundamental na visão estéreo, em que duas ou mais imagens da mesma cena a partir de pontos de vista diferentes são utilizadas para calcular a informação de profundidade. Ao utilizar a restrição epipolar, os algoritmos de correspondência estéreo podem encontrar eficazmente pontos correspondentes, permitindo o cálculo de mapas de profundidade ou disparidade.

A visão estéreo funciona da seguinte forma:

1. Os pontos correspondentes nas duas imagens encontram-se em linhas epipolares.
2. A disparidade entre as coordenadas x destes pontos é inversamente proporcional à

profundidade do ponto da cena correspondente.

A estimativa da profundidade envolve a triangulação: Conhecendo os parâmetros intrínsecos das câmaras e a disparidade, é possível calcular as coordenadas 3D de um ponto da cena.

Matriz fundamental e o seu papel na geometria epipolar: A matriz fundamental é um conceito chave na geometria epipolar. Encapsula a relação entre pontos em duas imagens e as linhas epipolares. Dado um ponto numa imagem e o seu ponto correspondente na outra imagem, a matriz fundamental permite prever a linha epipolar sobre a qual se encontra o ponto correspondente.

A matriz fundamental F é uma matriz 3x3 que satisfaz a equação de restrição epipolar: xprime^T * F * x = 0, em que x e x_prime são as coordenadas homogéneas dos pontos correspondentes nas duas imagens.

A matriz fundamental permite várias tarefas na visão por computador:

- **Cálculo da linha epipolar:** Dado um ponto numa imagem, pode calcular a linha epipolar na outra imagem utilizando a matriz fundamental.
- **Correspondência estéreo:** A matriz fundamental ajuda a encontrar pontos correspondentes entre imagens estéreo, facilitando a estimativa de profundidade.
- **Calibração de câmaras:** A matriz fundamental é utilizada para calibrar os parâmetros intrínsecos e extrínsecos das câmaras.

Em resumo, a geometria epipolar e a matriz fundamental fornecem uma base geométrica para compreender a relação entre múltiplas vistas da câmara e são fundamentais para tarefas como a visão estéreo, a estimativa da profundidade e a calibração da câmara.

3.6 Visão estéreo

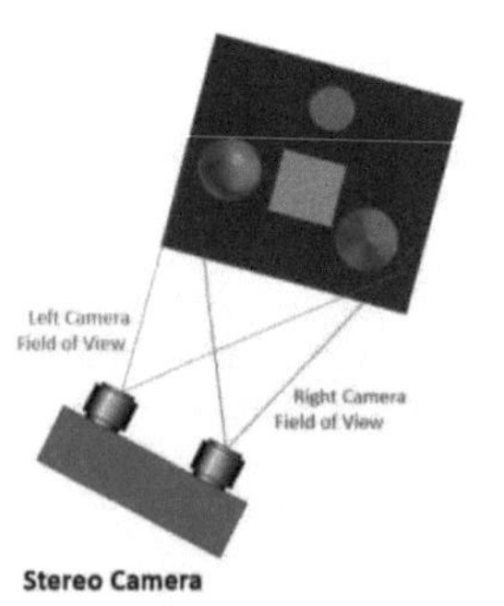

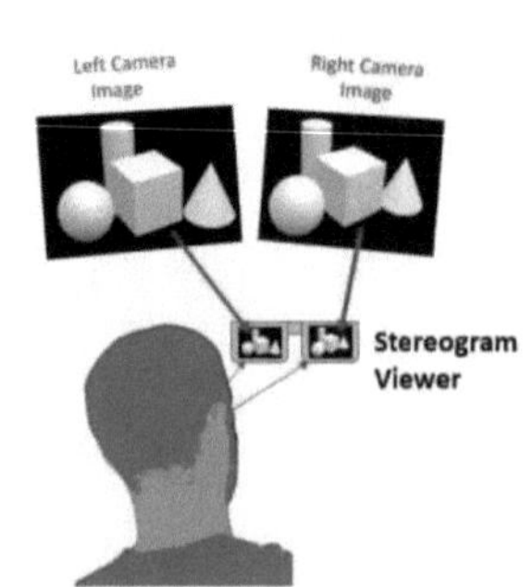

- Princípios da visão estéreo para a reconstrução 3D.
- Calibração e retificação estéreo.
- Estimativa de disparidade e geração de mapas de profundidade.

Princípios da visão estéreo para a reconstrução 3D: A visão estéreo aproveita a disparidade entre pontos correspondentes em duas ou mais imagens da mesma cena tiradas de pontos de vista diferentes para reconstruir a estrutura 3D da cena. Os princípios fundamentais da visão estéreo para a reconstrução 3D são os seguintes

1. **Geometria epipolar:** Os pontos correspondentes nas imagens estéreo encontram-se em linhas epipolares, simplificando a procura de correspondências ao longo de linhas unidimensionais.
2. **Disparidade:** A disparidade entre pontos correspondentes é inversamente proporcional à sua profundidade. As disparidades maiores indicam objectos mais próximos, enquanto as disparidades mais pequenas correspondem a objectos mais distantes.
3. **Triangulação:** Conhecendo a linha de base (distância entre os centros das câmaras) e a disparidade, é possível calcular a profundidade de um ponto da cena utilizando a triangulação.

Calibração e retificação estéreo: A calibragem estéreo é o processo de determinação dos parâmetros intrínsecos e extrínsecos das duas câmaras para garantir uma correspondência exacta e uma estimativa de profundidade. A calibragem implica encontrar as matrizes da câmara, os coeficientes de distorção e a posição relativa entre as câmaras.

A retificação é um passo crucial que transforma as imagens de modo a que as linhas epipolares se tornem linhas horizontais, simplificando o cálculo da disparidade. A retificação assegura que as duas imagens partilham um plano de imagem comum e que as suas linhas epipolares estão alinhadas.

A retificação envolve as seguintes etapas:

1. Calcular as homografias de retificação para ambas as câmaras.
2. Aplicar as homografias às imagens, deformando-as no plano de imagem comum.
3. Atualizar as matrizes da câmara para as câmaras rectificadas.

Estimativa da disparidade e geração do mapa de profundidade: A estimativa da disparidade é o processo de cálculo das diferenças entre os pixels dos pontos correspondentes nas imagens estéreo rectificadas. O mapa de disparidade representa os valores de disparidade para cada pixel e fornece uma base para a geração do mapa de profundidade.

A geração de mapas de profundidade envolve a conversão de valores de disparidade em valores de profundidade utilizando o princípio da triangulação. A profundidade num pixel é proporcional à linha de base dividida pelo valor de disparidade. O mapa de profundidade fornece uma representação 3D da cena, em que cada pixel codifica a distância entre as câmaras e o ponto correspondente da cena.

Os mapas de disparidade e profundidade são utilizados em várias aplicações:

- **Reconstrução da cena:** Os mapas de profundidade permitem a criação de modelos 3D pormenorizados da cena.
- **Deteção de obstáculos:** Os mapas de profundidade ajudam a identificar obstáculos e objectos no ambiente para veículos autónomos e robótica.
- **Realidade aumentada:** A informação sobre a profundidade é crucial para a integração realista de objectos virtuais no mundo real.
- **Imagiologia médica:** Os mapas de profundidade ajudam na imagiologia e visualização médicas em 3D.

Em resumo, os princípios da visão estéreo, a calibração, a retificação e a estimativa da profundidade permitem, em conjunto, a reconstrução de cenas 3D a partir de pares de imagens estéreo, facilitando uma vasta gama de aplicações na visão computacional e não só.

3.7 Movimento da câmara e fluxo ótico

- O fluxo ótico e a sua importância na análise do movimento.
- Métodos de estimativa do fluxo ótico.
- Aplicações na análise de vídeo e no seguimento de movimentos.

Fluxo ótico e o seu significado na análise do movimento: O fluxo ótico refere-se ao padrão de movimento aparente de objectos numa imagem ou numa sequência de imagens. É um conceito crítico na visão computacional que ajuda a analisar o movimento de objectos entre fotogramas consecutivos. O fluxo ótico fornece informações sobre a dinâmica de movimento dos objectos, permitindo-nos compreender como se movem e mudam de posição ao longo do tempo. É particularmente importante em tarefas que envolvem análise de vídeo, seguimento de movimento, deteção de objectos e compreensão de cenas.

Métodos para estimar o fluxo ótico: A estimativa do fluxo ótico envolve o cálculo da velocidade dos pixéis entre fotogramas. São utilizados vários métodos para a estimativa do fluxo ótico:

1. **Métodos diferenciais:** Estes métodos baseiam-se no cálculo das alterações de intensidade entre pixels vizinhos para estimar o movimento. Os exemplos incluem o método Lucas-Kanade e o método Horn-Schunck.
2. **Métodos baseados em correlação:** Estes métodos calculam a melhor posição de correspondência de pixéis entre fotogramas através da maximização de medidas de semelhança. Incluem o método de Correspondência de Blocos e a Correlação de Fase.
3. **Métodos variacionais:** Estes métodos formulam a estimativa do fluxo ótico como um problema de otimização, procurando minimizar uma função de energia que impõe restrições de suavidade no campo de fluxo.
4. **Métodos de aprendizagem profunda:** As redes neuronais convolucionais (CNN)

têm sido aplicadas com sucesso para estimar o fluxo ótico diretamente a partir de pares de imagens, tirando partido da sua capacidade de aprender padrões de movimento complexos.

Aplicações na análise de vídeo e no seguimento de movimentos: O fluxo ótico tem várias aplicações na análise de vídeo e no seguimento de movimentos:

1. **Deteção de movimento:** O fluxo ótico pode detetar objectos em movimento destacando regiões com fluxo significativo, ajudando em aplicações de vigilância e segurança.
2. **Segmentação de movimentos:** Ao analisar os padrões de fluxo ótico, é possível separar os movimentos de diferentes objectos, contribuindo para a segmentação e o seguimento de objectos.
3. **Compensação de movimento:** Na compressão de vídeo, o fluxo ótico é utilizado para prever o movimento de objectos entre fotogramas, reduzindo a redundância de dados e melhorando a eficiência da compressão.
4. **Reconhecimento de acções:** O fluxo ótico ajuda a identificar acções e gestos humanos, captando a dinâmica de movimento das partes do corpo.
5. **Seguimento de objectos:** O fluxo ótico é utilizado para seguir objectos através de fotogramas, assegurando uma localização e seguimento precisos de objectos em movimento.
6. **Fluxo ótico na reconstrução 3D:** O fluxo ótico é útil para a reconstrução densa de cenas 3D, capturando o movimento dos objectos na cena.
7. **Efeitos visuais:** O fluxo ótico é utilizado na pós-produção para criar efeitos especiais como a desfocagem do movimento, a distorção do tempo e a transformação.

3.8 Geometria de vista múltipla

- Triangulação para reconstrução de pontos 3D.
- Estrutura a partir do movimento (SfM) e ajustamento de feixes.
- Reconstrução de cenas estéreo e 3D com múltiplas vistas a partir de múltiplas imagens.

Triangulação para reconstrução de pontos 3D: A triangulação é uma técnica fundamental na visão por computador utilizada para reconstruir pontos 3D a partir das suas projecções em múltiplas imagens 2D. Baseia-se no princípio da intersecção de linhas de visão de diferentes pontos de vista para determinar a localização 3D de um ponto. A triangulação é amplamente utilizada na visão estéreo, na reconstrução de múltiplas vistas e na deteção de profundidade.

Em visão estéreo:

1. Os pontos correspondentes em duas imagens são combinados.
2. Os raios que passam por estes pontos a partir do centro de cada câmara intersectam-se no espaço 3D, determinando a localização do ponto.

Na reconstrução multi-vista:

1. As correspondências são estabelecidas entre várias imagens.
2. A intersecção de raios de vários pontos de vista identifica a posição do ponto 3D.

A triangulação é vital para gerar representações 3D precisas de cenas e objectos a partir de múltiplas imagens.

Estrutura a partir do movimento (SfM) e ajuste de pacotes: A estrutura a partir do movimento (SfM) é uma técnica que recupera a estrutura 3D de uma cena e as poses da câmara a partir de uma coleção de imagens 2D. Envolve as seguintes etapas principais:

1. **Deteção e correspondência de características:** São identificadas as características correspondentes (pontos) nas imagens.
2. **Estimativa da pose da câmara:** As posições das câmaras são estimadas em relação a um sistema de coordenadas comum.
3. **Triangulação:** Os pontos 3D são reconstruídos utilizando a triangulação.
4. **Ajuste de pacote:** Aperfeiçoa as poses da câmara e os pontos 3D em simultâneo para minimizar os erros de reprojecção.

O Bundle Adjustment optimiza as poses da câmara e os pontos 3D, minimizando a diferença entre os pontos 3D projectados e os pontos de imagem 2D correspondentes. Melhora a precisão das poses da câmara e dos pontos reconstruídos, melhorando a qualidade global da reconstrução 3D.

Estéreo multi-vista e reconstrução de cenas 3D a partir de múltiplas imagens: O estéreo multi-vista (MVS) é uma técnica que tem como objetivo reconstruir uma representação 3D detalhada de uma cena utilizando várias imagens tiradas de vários pontos de vista. O MVS envolve várias etapas:

1. **Estimativa do mapa de profundidade:** Cada imagem gera um mapa de profundidade, estimando a profundidade de cada pixel a partir do seu ponto 2D correspondente.
2. **Fusão de profundidade:** Os mapas de profundidade de várias vistas são fundidos para criar um mapa de profundidade denso que capta a estrutura 3D.
3. **Reconstrução da superfície:** Uma superfície 3D é reconstruída a partir do mapa de profundidade fundido, utilizando frequentemente métodos como a triangulação de Delaunay ou a escultura de voxel.
4. **Mapeamento de texturas:** As texturas das imagens originais são mapeadas na superfície reconstruída para criar um modelo 3D realista.

3.9 Modelos de câmaras para além da Pinhole

- Introdução a modelos de câmaras mais avançados (por exemplo, olho de peixe, omnidirecional).

- Breve panorâmica dos modelos de câmaras sem orifício e respectivas aplicações.

Introdução a modelos de câmaras mais avançados (por exemplo, Fisheye, Omnidirecional): Enquanto o modelo de câmara pinhole fornece uma representação simplificada da forma como a luz entra numa câmara, os modelos de câmara mais avançados oferecem uma representação mais precisa dos sistemas ópticos do mundo real. Dois exemplos notáveis são o modelo de câmara olho de peixe e o modelo de câmara omnidirecional.

Modelo de câmara Fisheye: As lentes olho-de-peixe captam um amplo campo de visão, muitas vezes superior a 180 graus. Ao contrário do modelo pinhole, as lentes olho de peixe introduzem distorção, fazendo com que as linhas rectas do mundo 3D apareçam curvadas na imagem. Os modelos de câmara olho de peixe são utilizados em aplicações que requerem uma vista panorâmica ou imersiva, como vigilância, robótica e realidade virtual.

Modelo de câmara omnidirecional: As câmaras omnidireccionais, também conhecidas como câmaras catadiópticas, captam uma visão completa de 360 graus do ambiente que as rodeia. Combinam lentes tradicionais com espelhos ou outras superfícies reflectoras para obter um amplo campo de visão. As câmaras omnidireccionais são utilizadas em aplicações como robótica, monitorização ambiental e navegação.

Breve descrição dos modelos de câmaras sem orifício e respectivas aplicações: Os modelos de câmaras sem orifício captam características ópticas mais complexas, permitindo a representação exacta de cenas distorcidas e campos de visão alargados. Alguns modelos notáveis de câmaras sem orifício incluem:

1. **Modelo equidistante:** Adequado para lentes olho-de-peixe, trata a distorção introduzida pela lente e é utilizado em aplicações como sistemas de visão automóvel.
2. **Modelo Equisolid:** Preciso para lentes de grande angular, particularmente lentes olho-de-peixe, preserva os ângulos e é utilizado em aplicações como computação gráfica e ambientes imersivos.
3. **Modelo estereográfico:** Utilizado para lentes de grande angular extrema, mapeia os raios que passam através da lente num plano tangente, tornando-o adequado para captar um grande campo de visão.
4. **Modelo catastrófico:** Descreve lentes de campo muito amplo, incluindo sistemas omnidireccionais, e é útil para aplicações que requerem uma visão completa de 360 graus.
5. **Modelo Dual-Cónico:** Adequado para sistemas catadiópticos, acomoda espelhos esféricos e de perspetiva, utilizados em robótica e navegação.

Os modelos de câmaras sem orifício oferecem representações precisas de sistemas ópticos complexos e são essenciais para tarefas que envolvem campos de visão amplos, experiências imersivas e captura precisa de cenas. Encontram aplicações em robótica, vigilância, realidade virtual e outros domínios em que é necessária uma imagem precisa para além do modelo de pinhole.

3.10 Conclusão

- Recapitulação dos principais conceitos abordados no capítulo.
- Ênfase no papel fundamental da geometria da câmara na visão computacional.
- Potenciais desenvolvimentos futuros na geometria da câmara e seu impacto nas aplicações de visão por computador.

Recapitulação dos principais conceitos abordados no capítulo: Neste capítulo, exploramos os conceitos fundamentais da geometria da câmara na visão computacional. Começámos com o modelo fundamental da câmara pinhole, compreendendo como os raios de luz passam através de uma abertura para formar uma imagem num sensor. Derivámos as equações de projeção em perspetiva e introduzimos os parâmetros intrínsecos e extrínsecos da câmara que desempenham um papel crucial na relação entre os pontos 3D e as suas projecções 2D. A geometria epipolar e a restrição epipolar foram discutidas, destacando a sua importância na visão estéreo e na estimativa de profundidade.

Aprofundámos tópicos avançados, como a calibração da câmara, a retificação e os princípios da triangulação para a reconstrução de pontos 3D. Explorámos as poderosas técnicas de Structure from Motion (SfM) e Bundle Adjustment, permitindo a reconstrução precisa de cenas 3D a partir de várias imagens. Além disso, introduzimos os conceitos de estéreo multi-vista e fluxo ótico, mostrando as suas aplicações na análise de movimento e reconstrução de cenas.

Ênfase no papel fundamental da geometria da câmara: A geometria da câmara constitui a base da visão por computador. Fornece o quadro matemático para compreender como o mundo real é projetado nas imagens. Os conceitos de calibração de câmaras, estimativa de pose, triangulação e visão estéreo estão na base de uma vasta gama de tarefas de visão por computador, incluindo a reconstrução de cenas 3D, a análise de movimentos, o seguimento de objectos, a realidade aumentada e muito mais. Uma sólida compreensão da geometria da câmara é essencial para os profissionais libertarem o potencial das tecnologias de visão por computador e desenvolverem aplicações inovadoras.

Potenciais desenvolvimentos futuros na geometria da câmara e o seu impacto nas aplicações de visão por computador: À medida que a visão por computador continua a avançar, a geometria da câmara desempenhará um papel fundamental na definição deste campo. Os potenciais desenvolvimentos futuros incluem:

1. **Tecnologias avançadas de sensores:** As tecnologias de sensores emergentes, como os sensores de tempo de voo e multiespectrais, exigirão novos modelos de câmaras para captar e interpretar dados com precisão.
2. **Geometria não-rígida e deformável:** A incorporação de modelos de câmara não rígidos e deformáveis melhorará a compreensão de cenas dinâmicas e de objectos sujeitos a deformação.
3. **Fusão de geometria e aprendizagem:** A integração da geometria da câmara com abordagens de aprendizagem profunda conduzirá a uma compreensão mais robusta e

precisa da cena, permitindo tarefas como a auto-calibração das câmaras e uma melhor estimativa da profundidade.

4. **Sistemas em tempo real e incorporados:** Os algoritmos eficientes de geometria da câmara serão cruciais para os sistemas de visão incorporados e em tempo real, como os dos veículos autónomos, robótica e dispositivos IoT.

5. **Reconstrução de cenas à escala global:** Os avanços na geometria de múltiplas vistas e na calibração de câmaras contribuirão para a reconstrução de cenas 3D em grande escala a partir de câmaras distribuídas, revolucionando domínios como o planeamento urbano e a arqueologia.

Em conclusão, o papel da geometria da câmara como pedra angular da visão por computador está destinado a evoluir, impulsionado pelos avanços tecnológicos e pelas colaborações interdisciplinares. O seu desenvolvimento contínuo moldará o panorama das aplicações da visão por computador e permitirá inovações revolucionárias numa vasta gama de indústrias.

CAPÍTULO 4

GEOMETRIA ESTÉREO E RECONSTRUÇÃO 3D

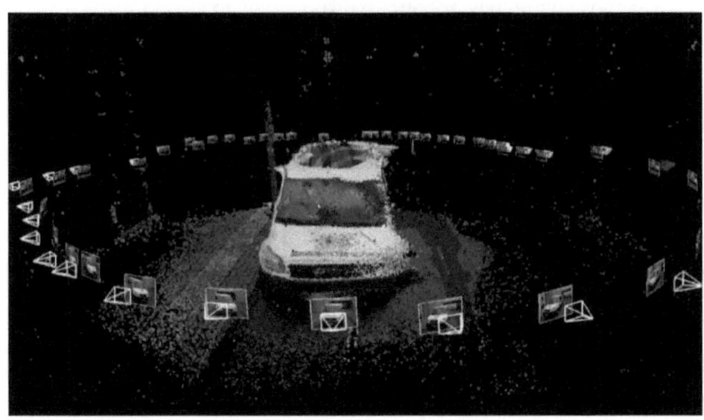

Introdução

* Explicação da geometria estéreo e do seu papel na perceção da profundidade e na reconstrução 3D.
* Breve resumo dos temas abordados no capítulo.

1. Fundamentos da visão estéreo

* Introdução à visão estéreo e suas aplicações.
* Estereopsia: perceção humana da profundidade e disparidade binocular.
* Importância da triangulação na visão estéreo.

2. Configuração e calibração da câmara estéreo

* Vista geral da configuração da câmara estéreo.
* Calibração intrínseca e extrínseca de câmaras estéreo.
* Retificação de imagens estéreo para simplificar a correspondência estéreo.

3. Estimativa de disparidade

* Explicação da disparidade e da sua relação com a profundidade.
* Métodos de cálculo da disparidade: correspondência de blocos, programação dinâmica, cortes de grafos.
* Tratamento da oclusão e refinamento da disparidade sub-pixel.

4. Geração de mapas de profundidade

- Conversão da disparidade em profundidade.
- Construção de um mapa de profundidade a partir de imagens estéreo.
- Tratamento de imprecisões e ruído em mapas de profundidade.

5. Geometria epipolar na visão estereoscópica

- Recapitulação da geometria epipolar numa perspetiva estéreo.
- Retificação epipolar para imagens estéreo.
- Restrição epipolar e o seu papel na correspondência estéreo.

6. Reconstrução de nuvens de pontos 3D

- Triangulação e reconstrução de pontos 3D.
- Triangulação da profundidade utilizando câmaras estéreo.
- Visualização e representação de nuvens de pontos 3D.

7. Algoritmos de correspondência estéreo

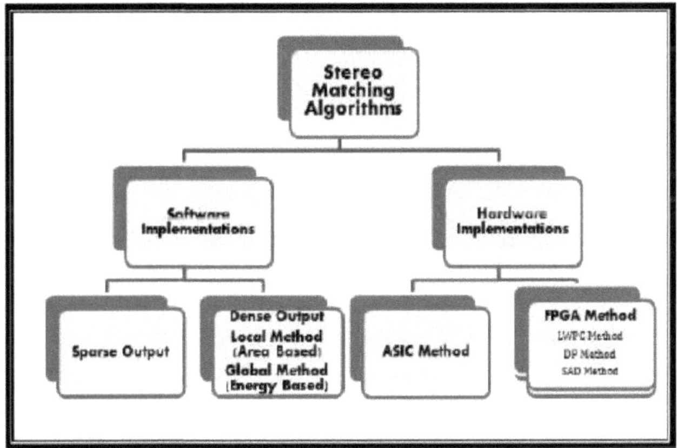

- Visão geral de vários algoritmos de correspondência estéreo.
- Métodos locais: Soma das diferenças absolutas (SAD), Soma das diferenças quadráticas (SSD), Correlação cruzada normalizada (NCC).
- Métodos globais: Semi-Global Block Matching (SGBM), Graph Cuts, Belief Propagation.

8. Visão estéreo em tempo real

Técnicas para obter visão estéreo em tempo real. Aceleração de hardware e processamento paralelo. Desafios e soluções de compromisso em sistemas estéreo em tempo real.

9. Aplicações da Geometria Estéreo

- Segmentação baseada na profundidade e reconhecimento de objectos.
- Localização e mapeamento simultâneos (SLAM) utilizando visão estéreo.
- Navegação robótica e veículos autónomos.

10. Desafios e direcções futuras

- Limitações actuais da tecnologia de visão estéreo.
- Avanços nos algoritmos e hardware de estéreo.
- Integração potencial do estéreo com outras modalidades de deteção.

11. Conclusão

- Resumo dos principais conceitos abordados no capítulo.
- Ênfase na importância da geometria estéreo na visão computacional e na robótica.
- O papel da visão estéreo no avanço da nossa compreensão do mundo 3D.

CAPÍTULO 5

DETECÇÃO E DESCRIÇÃO DE CARACTERÍSTICAS NA VISÃO POR COMPUTADOR

Introdução

* Explicação da importância da deteção e descrição de características na visão computacional.
* Breve resumo dos temas abordados no capítulo.

1. Papel das características na visão computacional

* Compreender o conceito de características na análise de imagens.
* Importância das características para tarefas como o reconhecimento, o seguimento e o registo de objectos.

2. Propriedades das características principais

* Descrição das principais propriedades das boas características: repetibilidade, carácter distintivo, robustez e eficiência.
* Equilíbrio entre invariância e poder discriminativo.

3. Deteção de características

* Panorâmica dos métodos de deteção de características.
* Algoritmos de deteção de pontos de interesse: detetor de cantos Harris, detetor de cantos Shi-Tomasi, FAST.
* Detectores baseados em blob e regiões: Diferença de Gaussianos (DoG), Laplaciano de Gaussianos (LoG).

4. Descrição das características

- Explicação das técnicas de descrição de características.
- Descritores locais: SIFT (Scale-Invariant Feature Transform), SURF (Speeded-Up Robust Features), ORB (Oriented FAST and Rotated BRIEF).
- Descritores baseados na aprendizagem profunda: Descritores baseados em CNN, embeddings aprendidos.

5. Características correspondentes

- Técnicas de correspondência de características entre imagens.
- Correspondência entre vizinhos mais próximos e teste de rácio.
- Correspondência robusta utilizando técnicas como RANSAC (Random Sample Consensus).

6. Invariância de escala e de rotação

- Desafios das variações de escala e rotação na deteção de características.
- SIFT e outros descritores de escala invariante.
- Métodos para obter invariância de rotação.

7. Robustez às alterações de iluminação e de ponto de vista

- Técnicas para lidar com variações de iluminação.
- Normalização de descritores e invariância de iluminação.
- Métodos para lidar com as alterações dos pontos de vista.

8. Rastreio de funcionalidades

- Introdução ao rastreio de características em sequências de vídeo.
- Seguimento baseado no fluxo ótico.
- Principais desafios do acompanhamento a longo prazo.

9. Aplicações da deteção e descrição de características

- Reconhecimento e localização de objectos.
- Criação de panoramas e de imagens unidas.
- Estrutura a partir do movimento (SfM) e reconstrução 3D.
- Realidade aumentada e realidade virtual.

10. Desafios e direcções futuras

- Limitações actuais dos métodos de deteção e descrição de características.
- Avanços na extração de características com base na aprendizagem profunda.
- Fusão de representações baseadas em características e aprendidas.

11. Conclusão

- Resumo dos principais conceitos abordados no capítulo.
- Ênfase no papel central da deteção e descrição de características em várias aplicações de visão computacional.
- O impacto potencial das tecnologias emergentes no domínio.

CAPÍTULO 6

CORRESPONDÊNCIA DE CARACTERÍSTICAS E AJUSTE DE MODELOS NA VISÃO POR COMPUTADOR

Introdução

- Explicação do significado da correspondência de características e do ajuste de modelos na visão por computador.
- Breve resumo dos temas abordados no capítulo.

1. Noções básicas de correspondência de características

- Recapitulação da deteção e descrição de características.
- Importância da correspondência de características para tarefas como o reconhecimento, registo e seguimento de objectos.
- Visão geral do pipeline de correspondência de características.

2. Correspondência do vizinho mais próximo

- Introdução à correspondência entre vizinhos mais próximos.
- Técnicas de pesquisa do vizinho mais próximo (por exemplo, KD-trees, FLANN).
- Teste de rácio para aumentar a robustez da correspondência.

3. Correspondência robusta com RANSAC

- Explicação do algoritmo RANSAC (Random Sample Consensus).

- RANSAC para a rejeição de outliers na correspondência de características.
- Aplicações do RANSAC na estimação de matrizes fundamentais, estimação de homografia e ajuste de modelos.

4. Estimativa de homografia

- Compreender as homografias e o seu papel nas transformações da imagem.
- Estimativa de homografia utilizando pontos de características combinados.
- Aplicações da homografia no registo de imagens e na costura de panoramas.

5. Estimação de matrizes fundamentais

- Introdução à matriz fundamental.
- A geometria epipolar e a restrição epipolar.
- Estimativa da matriz fundamental utilizando pontos emparelhados e RANSAC.

6. Ajuste de modelos para além das homografias e dos fundamentos

- Panorâmica de outros modelos utilizados na visão por computador (por exemplo, transformações afins, transformações rígidas).
- Técnicas de ajuste de modelos para diferentes transformações.
- Aplicações do ajuste de modelos na estimativa de pose, análise de movimento e reconhecimento de formas.

7. Algoritmo Iterativo do Ponto Mais Próximo (ICP)

- Explicação do algoritmo ICP para o registo de nuvens de pontos.
- Correspondência de nuvens de pontos 3D utilizando refinamento iterativo
- Aplicações do ICP em robótica, realidade aumentada e digitalização 3D.

8. Correspondência de modelos

- Introdução à correspondência de modelos para deteção de objectos.
- Correlação cruzada e correlação cruzada normalizada.
- Desafios e limitações da correspondência de modelos.

9. Correspondência de características e ajuste de modelos com base na aprendizagem profunda

- Visão geral dos métodos baseados na aprendizagem profunda para a correspondência de características.
- Redes siamesas e perda de tripletos para incorporação de características.
- O papel das redes neuronais nas tarefas de ajuste de modelos.

10. Aplicações de correspondência de características e ajuste de modelos

- Reconhecimento e localização de objectos.
- Estimativa e seguimento da pose da câmara.
- Registo e análise de imagens médicas.
- Robótica e navegação autónoma.

11. Desafios e direcções futuras

- Limitações actuais das abordagens de correspondência de características e de ajuste de modelos.
- Avanços nas técnicas de estimação robusta e de rejeição de anomalias.
- Integração da aprendizagem automática e da aprendizagem profunda na correspondência de características e no ajuste de modelos.

12. Conclusão

- Resumo dos principais conceitos abordados no capítulo.
- Ênfase no papel fundamental da correspondência de características e do ajuste de modelos em várias aplicações de visão computacional.
- O impacto potencial das tecnologias emergentes no domínio.

CAPÍTULO 7

PROCESSAMENTO DE CORES EM VISÃO COMPUTACIONAL

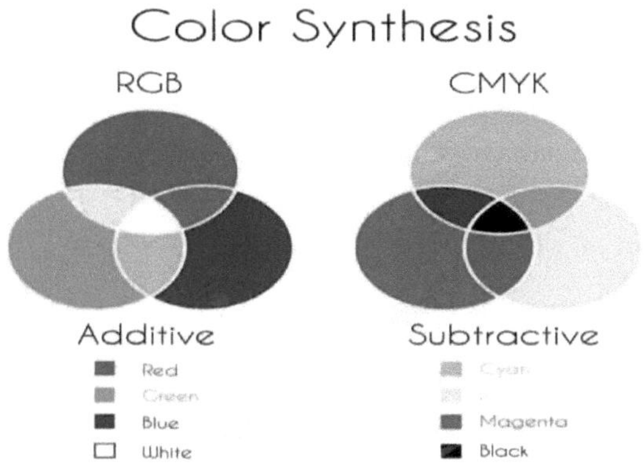

Introdução

- Explicação da importância do processamento de cores na visão computacional.
- Breve resumo dos temas abordados no capítulo.

1. Representação de cores

- Introdução aos modelos de representação de cores (RGB, HSV, Lab, CMYK).
- Explicação dos canais de cor e do seu significado.
- Papel dos espaços de cor em diferentes tarefas de visão computacional.

2. Melhoria e correção da cor

- Técnicas de aperfeiçoamento e correção da cor.
- Equalização de histograma e extensão de contraste.
- Ajustes do equilíbrio de brancos e da temperatura da cor.

3. Filtragem e segmentação de cores

- Métodos de filtragem de imagens baseados na cor.
- Técnicas de segmentação de imagens baseadas na cor.
- Aplicações no seguimento de objectos, imagiologia médica e muito mais.

4. **Características de cor para reconhecimento de objectos**

- Extração de características baseadas na cor para reconhecimento de objectos.

- Histogramas de cor e momentos de cor.
- Combinação de características de cor com outros descritores.

5. **Recuperação de imagens com base na cor**

- Introdução à recuperação de imagens com base na cor.
- Indexação de histogramas de cor e medidas de semelhança.
- Desafios e limitações da recuperação baseada na cor.

6. **Constância de cor e invariância de iluminação**

- Desafios da variação das condições de iluminação na perceção das cores.
- Métodos de constância de cor para estimar cores verdadeiras.
- Técnicas de invariância da iluminação para uma análise robusta da cor.

7. **Imagiologia multiespectral e hiperespectral**

- Explicação da imagiologia multiespectral e hiperespectral.
- Aplicações em deteção remota, agricultura e geologia.
- Separação da mistura espetral e identificação de materiais.

8. **Colorização e transferência de estilo**

- Técnicas de colorização automática de imagens.
- Métodos de colorização baseados em redes neurais.
- Transferência de estilo de cor e renderização artística.

9. **Cor na imagiologia médica**

- Importância da cor na análise de imagens médicas.
- Mapeamento de cores para visualização de dados médicos.
- Aplicações em patologia, radiologia e endoscopia.

10. **Desafios e direcções futuras**

- Limitações actuais do processamento de cores na visão por computador.
- Avanços na aprendizagem profunda para análise de cores.
- Potencial integração da cor com outras modalidades.

11. Conclusão

- Resumo dos principais conceitos abordados no capítulo.
- Ênfase no papel do processamento da cor no enriquecimento das tarefas de visão por computador.
- O impacto potencial das novas tecnologias da cor no domínio.

CAPÍTULO 8

PROCESSAMENTO DE IMAGENS DE GAMA EM VISÃO COMPUTACIONAL

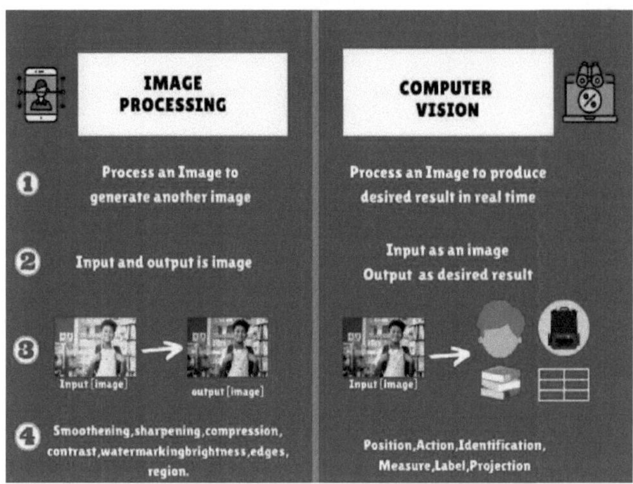

Introdução

- Explicação da importância do processamento de imagens de gama na visão por computador.
- Breve resumo dos temas abordados no capítulo.

1. Tecnologias de deteção de alcance

- Introdução às tecnologias de deteção de alcance (LiDAR, luz estruturada, Time-of-Flight).
- Princípios de medição de profundidade e geração de nuvens de pontos.
- Prós e contras de diferentes métodos de deteção de alcance.

2. Representação da nuvem de pontos

- Explicação das nuvens de pontos e do seu significado no processamento de imagens de alcance.
- Estrutura de dados e organização de nuvens de pontos.
- O papel das nuvens de pontos na representação de cenas 3D.

3. **Filtragem de nuvens de pontos e remoção de ruído**

- Técnicas de filtragem de ruído em nuvens de pontos.
- Remoção estatística de outlier e filtragem baseada em voxel.
- Importância de nuvens de pontos limpas para um processamento exato.

4. **Reconstrução da superfície a partir de nuvens de pontos**

- Métodos de reconstrução de superfícies a partir de nuvens de pontos.
- Triangulação de Delaunay e algoritmo Marching Cubes.
- Aplicações em modelação e visualização 3D.

5. **Registo e alinhamento**

- Técnicas de registo e alinhamento de múltiplas nuvens de pontos.
- Algoritmo do ponto mais próximo iterativo (ICP) e suas variantes.
- Aplicações na reconstrução de cenas 3D e na realidade aumentada.

6. **Segmentação e reconhecimento de objectos**

- Segmentação de nuvens de pontos em regiões com significado.
- Métodos de agrupamento para reconhecimento de objectos.
- Extração de características de nuvens de pontos para descrição de objectos.

7. **Fusão de imagens de alcance**

- Explicação da fusão de imagens de gama.
- Fusão de dados de alcance com informações de cor ou textura.
- Aplicações na perceção multimodal e na compreensão de cenas.

8. **Navegação e localização com base no alcance**

- Navegação com sensores de alcance para evitar obstáculos.
- Localização e mapeamento simultâneos (SLAM) utilizando dados de alcance.
- Aplicações em robótica e sistemas autónomos.

9. **Imagiologia de gama na indústria e no fabrico**

- Utilização da imagem de gama na automatização industrial.
- Controlo de qualidade, inspeção da linha de montagem e orientação de robôs.
- Integração de dados de alcance com outras modalidades de deteção.

10. **Desafios e direcções futuras**

- Limitações actuais das técnicas de processamento de imagens de alcance.

- Avanços na deteção e processamento de alcance em tempo real.
- Impacto potencial das tecnologias emergentes no domínio.

11. Conclusão

- Resumo dos principais conceitos abordados no capítulo.
- Ênfase no papel fundamental do processamento de imagens de alcance na captura e análise de cenas 3D.
- O potencial da imagiologia de gama para revolucionar várias indústrias e aplicações.

CAPÍTULO 9

AGRUPAMENTO E CLASSIFICAÇÃO EM VISÃO COMPUTACIONAL

Introdução

- Explicação da importância do agrupamento e da classificação na visão computacional.
- Breve resumo dos temas abordados no capítulo.

1. Noções básicas de clustering

- Introdução ao agrupamento e ao seu papel na aprendizagem não supervisionada.
- Explicação de conceitos-chave: pontos de dados, centróides, clusters.
- Visão geral dos algoritmos de agrupamento comuns.

2. Agrupamento K-Means

- Explicação pormenorizada do algoritmo K-Means.
- Métodos de inicialização e critérios de convergência.
- Aplicações de K-Means na compressão e segmentação de imagens.

3. Agrupamento hierárquico

- Introdução ao agrupamento hierárquico.
- Agrupamento hierárquico aglomerativo vs. divisivo.
- Representação de dendrogramas e corte de clusters.

4. Agrupamento baseado na densidade

- Explicação dos métodos de agrupamento baseados na densidade.
- DBSCAN (Density-Based Spatial Clustering of Applications with Noise).
- Manuseamento de ruído e valores atípicos no agrupamento.

5. Avaliação e validação de agrupamentos

- Métodos de avaliação da qualidade dos agrupamentos.
- Métricas de validação interna (pontuação de silhueta, índice de Davies-Bouldin).
- Métricas de validação externa (índice Rand ajustado, informação mútua normalizada).

6. Fundamentos da classificação

- Introdução à classificação e à aprendizagem supervisionada.
- Explicação dos principais componentes: características, etiquetas, limites de decisão.
- Visão geral dos algoritmos de classificação comuns.

7. Máquinas de vectores de suporte (SVM)

- Explicação pormenorizada das máquinas de vectores de suporte.
- SVMs lineares e não lineares.
- SVM de margem suave e truque de kernel.

8. Árvores de decisão e florestas aleatórias

- Explicação das árvores de decisão e da aprendizagem em conjunto.
- O algoritmo Random Forest e as suas vantagens.
- Aplicações de árvores de decisão na deteção de objectos e segmentação de imagens.

9. Redes neurais para classificação

- Introdução às redes neuronais para classificação de imagens.
- Redes Neuronais Convolucionais (CNN) e sua arquitetura.
- Aprendizagem por transferência e afinação de modelos pré-treinados.

10. Métricas de avaliação para classificação

- Métodos de avaliação do desempenho da classificação.
- Matriz de confusão, exatidão, precisão, recuperação, pontuação F1.
- Curvas ROC e AUC (Area Under the Curve).

11. Classificação multi-classe e multi-rótulo

- Extensão da classificação a problemas multi-classe.
- Tratamento de vários rótulos por instância (classificação de vários rótulos).
- Técnicas de transformação de problemas com vários rótulos em problemas com várias classes.

12. Desafios e direcções futuras

- Limitações actuais dos métodos de agrupamento e classificação.
- Avanços na aprendizagem profunda e nas arquitecturas de redes neuronais.

Potencial integração do agrupamento e classificação com outras tarefas de visão computacional.

13. Conclusão

- Resumo dos principais conceitos abordados no capítulo.
- Ênfase no papel fulcral do agrupamento e da classificação na extração de conhecimentos significativos a partir de dados visuais.
- O impacto potencial das tecnologias emergentes no domínio.

CAPÍTULO 10

REDUÇÃO DA DIMENSIONALIDADE E REPRESENTAÇÃO ESPARSA NA VISÃO POR COMPUTADOR

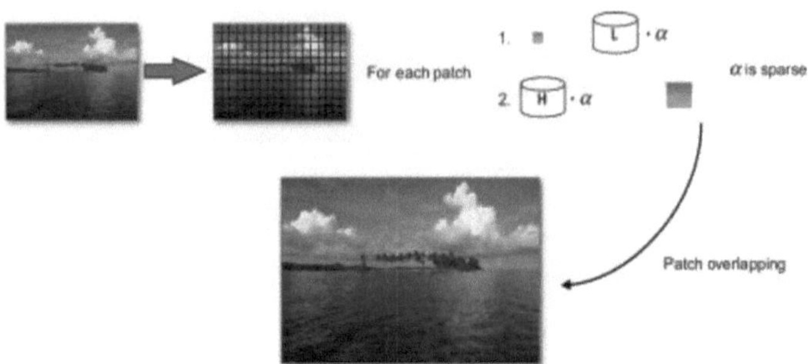

Introdução

- Explicação da importância da redução da dimensionalidade e da representação esparsa na visão computacional.
- Breve resumo dos temas abordados no capítulo.

1. Maldição da dimensionalidade

- Compreender os desafios colocados pelos dados de elevada dimensão.
- Intuição por detrás da maldição da dimensionalidade.
- Necessidade de técnicas de redução da dimensionalidade.

2. Análise de componentes principais (PCA)

- Explicação pormenorizada da análise de componentes principais.
- Matriz de covariância, decomposição em valores próprios e vectores próprios.
- Aplicações de PCA na compressão de imagens e extração de características.

3. Análise Discriminante Linear (LDA)

- Introdução à Análise Discriminante Linear.
- Maximizar a variância inter-classes e minimizar a variância intra-classes.
- O papel do LDA na redução da dimensionalidade e na classificação.

4. Aprendizagem em Manifold e redução não linear da dimensionalidade

- Explorar o conceito de variedades num espaço de elevada dimensão.
- Introdução aos algoritmos de aprendizagem de colectores (Isomap, LLE, t-SNE).
- Capturar relações não lineares nos dados.

5. Representação esparsa e aprendizagem de dicionário

- Explicação da representação esparsa e da sua importância.
- Regularização da norma L1 e penalizações que induzem a esparsidade.
- Aprendizagem de dicionário para codificação esparsa.

6. Deteção por compressão

- Introdução à deteção compressiva.
- Teoria da amostragem, recuperação de sinais esparsos e subamostragem.
- Aplicações de Compressive Sensing na compressão de imagens e na ressonância magnética.

7. Factorização de matrizes não negativas (NMF)

- Compreender a Factorização de Matrizes Não Negativas.
- Factorização de matrizes em matrizes de base e de coeficientes não negativas.
- Aplicações em agrupamento de documentos e modelação de tópicos.

8. Autoencodificadores e aprendizagem profunda para redução da dimensionalidade

- Introdução aos autoencoders e ao seu papel na aprendizagem de características.
- Autoencodificadores empilhados e arquitecturas profundas.
- Redução da dimensionalidade através de redes neuronais.

9. Aplicações da redução da dimensionalidade e da representação esparsa

- Denoising e super-resolução de imagens usando representação esparsa.
- Visualização e análise exploratória de dados.
- Redução de características para tarefas de aprendizagem automática.

10. Desafios e direcções futuras

- Limitações actuais dos métodos de redução da dimensionalidade e de representação esparsa.
- Avanços na aprendizagem profunda e na aprendizagem não supervisionada de características.
- Integração da redução da dimensionalidade com outras técnicas de visão por computador.

11. Conclusão

- Resumo dos principais conceitos abordados no capítulo.
- Ênfase no potencial transformador da redução da dimensionalidade e da representação esparsa no tratamento de dados de elevada dimensão.
- O impacto potencial das tecnologias emergentes no domínio.

CAPÍTULO 11

ARQUITECTURAS NEURAIS PROFUNDAS E APLICAÇÕES NA VISÃO COMPUTACIONAL

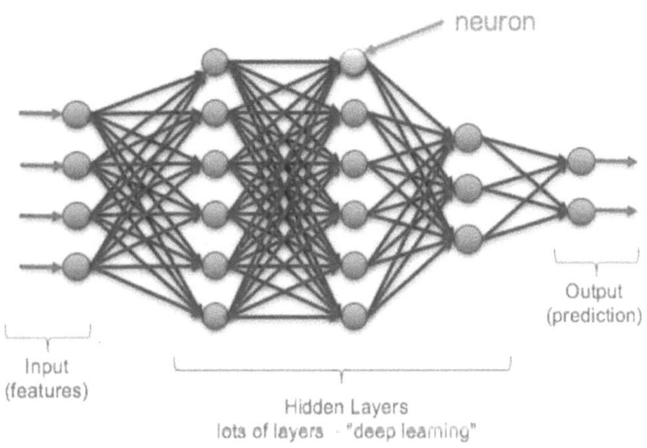

Introdução

- Explicação do surgimento da aprendizagem profunda e da sua importância na visão computacional.
- Breve resumo dos temas abordados no capítulo.

1. Evolução das redes neuronais profundas

- Contexto histórico da aprendizagem profunda e das redes neuronais.
- Transição de arquitecturas superficiais para arquitecturas profundas.
- Surgimento das redes neuronais convolucionais (CNN) e das redes neuronais recorrentes (RNN).

2. Redes Neuronais Convolucionais (CNNs)

- Explicação aprofundada das CNNs e da sua arquitetura.
- Camadas convolucionais, camadas de agrupamento e camadas totalmente ligadas.
- Papel das CNNs na classificação de imagens, deteção de objectos e segmentação.

3. Aprendizagem por transferência e modelos pré-treinados

- Introdução à aprendizagem por transferência e sua importância.
- Utilização de modelos pré-treinados para várias tarefas de visão computacional.
- Modelos populares pré-treinados como VGG, ResNet e Inception.

4. Redes Neuronais Recorrentes (RNNs)

- Explicação das RNNs e do seu carácter de processamento sequencial.
- Memória de Curto Prazo Longa (LSTM) e Unidades Recorrentes Fechadas (GRU).
- Aplicações de RNNs na previsão de sequências e análise de vídeo.

5. Redes Adversariais Generativas (GANs)

- Visão geral dos GAN e das suas capacidades de geração.
- Redes geradoras e discriminadoras.
- Aplicações de GAN na geração de imagens, transferência de estilos e aumento de dados.

6. Autoencodificadores e Autoencodificadores Variacionais (VAEs)

- Introdução aos autoencoders para aprendizagem não supervisionada.
- Representação do espaço latente e redução da dimensionalidade.
- VAEs e o seu papel na geração de novas amostras de dados.

7. Aprendizagem por reforço profundo

- Explorando a aprendizagem por reforço profundo para a visão computacional.
- Combinação de redes profundas com agentes de aprendizagem por reforço.
- Aplicações em jogos, controlo robótico e navegação.

8. Mecanismos de atenção e transformadores

- Explicação dos mecanismos de atenção e da auto-atenção.
- A arquitetura do transformador e o seu impacto no processamento da linguagem natural.
- Adaptação de transformadores para classificação de imagens e deteção de objectos.

9. Aplicações de arquitecturas neurais profundas na visão por computador

- Classificação de imagens e reconhecimento de objectos.
- Deteção de objectos e segmentação de instâncias.
- Reconhecimento facial e análise de emoções.
- Análise de imagens médicas e deteção de doenças.
- Veículos autónomos e robótica.

- Transferência de estilo e geração de imagens.

10. Desafios e direcções futuras

- Limitações actuais das arquitecturas neurais profundas.
- Avanços em matéria de interpretabilidade e explicabilidade.
- O papel da aprendizagem não supervisionada na melhoria das redes profundas.

11. Conclusão

- Resumo dos principais conceitos abordados no capítulo.
- Ênfase no impacto transformador das arquitecturas neurais profundas nas aplicações de visão computacional.
- O potencial para inovações e avanços contínuos no domínio.

LIVROS DE REFERÊNCIA:

1. **"Visão por Computador: Algoritmos e Aplicações"** de Richard Szeliski
   - Um livro de texto abrangente que cobre os conceitos fundamentais e algoritmos em visão computacional, com aplicações práticas e exemplos.
2. **"Visão por Computador: Models, Learning, and Inference"** de Simon J.D. Prince
   - Oferece uma exploração detalhada da visão computacional numa perspetiva de modelação probabilística e de aprendizagem automática.
3. **"Digital Image Processing"** por Rafael C. Gonzalez e Richard E. Woods
   - Um texto clássico que fornece uma introdução abrangente às técnicas de processamento de imagem, algoritmos e aplicações.
4. **"Pattern Recognition and Machine Learning"** (Reconhecimento de padrões e aprendizagem automática) de Christopher M. Bishop
   - Embora não se centre apenas na visão computacional, este livro abrange técnicas de reconhecimento de padrões que são altamente relevantes para o campo.
5. **"Multiple View Geometry in Computer Vision"** por Richard Hartley e Andrew Zisserman
   - Centra-se nos princípios matemáticos da geometria de visão múltipla e nas suas aplicações em tarefas de visão por computador, como a calibração de câmaras e a reconstrução 3D.
6. **"Computer Vision: Uma Abordagem Moderna"** de David Forsyth e Jean Ponce
   - Abrange uma vasta gama de tópicos de visão computacional, desde a formação de imagens até ao reconhecimento de objetos, de uma forma unificada e abrangente.
7. **"Deep Learning"** por Ian Goodfellow, Yoshua Bengio e Aaron Courville
   - Um livro fundamental sobre técnicas de aprendizagem profunda, incluindo redes neurais e suas aplicações em visão computacional.
8. **"Aprender Visão Computacional OpenCV 4 com Python"** por Joseph Howse, Joe Minichino e Ville Usabel
   - Um guia prático de visão computacional usando a biblioteca OpenCV e Python, cobrindo várias técnicas e aplicações.
9. **"Visão por Computador: Princípios, Algoritmos, Aplicações, Aprendizagem"** de E. R. Davies
   - Oferece uma visão geral abrangente da visão computacional, cobrindo tanto os conceitos fundamentais como os desenvolvimentos recentes.
10. **"Computer Vision: Algoritmos, Aprendizagem e Inferência"** de Kai Engelhardt e Robert Laganière
   - Fornece uma introdução clara aos algoritmos de visão por computador e à sua implementação, com ênfase nos aspectos práticos.
11. **"Computer Vision: A Reference Guide"** de Katsushi Ikeuchi e J.K. Aggarwal
   - Um livro de referência que abrange uma vasta gama de tópicos de visão computacional, incluindo análise de imagens, recuperação de formas e reconhecimento de objectos.

12. **"Introduction to Computer Vision"** de James Hays e Bruce A. Draper
    o Um livro de texto que introduz os conceitos fundamentais da visão
       computacional e cobre vários tópicos desde a formação de imagens até à
       análise de cenas.

DOCUMENTOS DE REFERÊNCIA

1. **"Classificação ImageNet com redes neurais convolucionais profundas"**
Autores: Alex Krizhevsky, Ilya Sutskever e Geoffrey E. Hinton
DOI: 10.1145/3065386
Resumo: Este documento introduziu a influente arquitetura AlexNet, que utilizou redes neuronais convolucionais profundas (CNN) para obter melhorias significativas na precisão da classificação de imagens no conjunto de dados ImageNet.

2. **"Faster R-CNN: Rumo à deteção de objectos em tempo real com redes de proposta de regiões"**
Autores: Shaoqing Ren, Kaiming He, Ross B. Girshick e Jian Sun
DOI: 10.1109/TPAMI.2017.2699184
Resumo: Este artigo introduziu a estrutura Faster R-CNN, que combinou CNNs profundas e redes de proposta de região para deteção de objectos em tempo real, marcando um avanço significativo em termos de precisão e velocidade.

3. **"YOLO: You Only Look Once: Deteção de objectos unificada e em tempo real"**
Autor: Joseph Redmon, Santosh Divvala, Ross Girshick e Ali Farhadi
DOI: 10.1109/CVPR.2016.91
Resumo: O YOLO introduziu uma abordagem de deteção de objectos em tempo real que atingiu uma velocidade e precisão impressionantes, dividindo a imagem de entrada numa grelha e prevendo caixas delimitadoras de objectos e probabilidades de classe numa única passagem.

4. **"Aprendizagem residual profunda para reconhecimento de imagens"**
Autores: Kaiming He, Xiangyu Zhang, Shaoqing Ren e Jian Sun
DOI: 10.1109/CVPR.2016.90
Resumo: Este artigo apresentou a arquitetura ResNet, que introduziu o conceito de blocos residuais para resolver o problema do gradiente de desaparecimento nas redes neuronais profundas e permitiu o treino de redes muito mais profundas.

5. **"Máscara R-CNN"**
Autores: Kaiming He, Georgia Gkioxari, Piotr Dollar e Ross Girshick
DOI: 10.1109/TPAMI.2019.2913372
Resumo: Com base no Faster R-CNN, este artigo introduziu o Mask R-CNN, uma extensão para a segmentação de exemplos que adiciona um ramo para prever máscaras de objectos, para além de caixas delimitadoras e etiquetas de classe.

6. **"Redes de Transformadores Espaciais"**
Autor: Max Jaderberg, Karen Simonyan, Andrew Zisserman, et al.
DOI: 10.1109/ICLR.2016.7551445
Resumo: Este artigo introduziu as redes de transformadores espaciais, que permitem

às redes neuronais aprender a efetuar transformações espaciais nos dados de entrada, tornando-as mais adaptáveis a diferentes escalas, rotações e translações.

7. "Aprendizagem baseada em gradientes aplicada ao reconhecimento de documentos"

Autores: Yann LeCun, Léon Bottou, Yoshua Bengio e Patrick Haffner (1998)
DOI: 10.1109/5.726791
Resumo: Este artigo introduziu o conceito de utilização de redes neuronais convolucionais (CNN) para o reconhecimento de dígitos manuscritos, lançando as bases da moderna aprendizagem profunda em visão computacional.

8. "Características distintivas de imagens a partir de pontos-chave invariantes à escala"

Autor: David G. Lowe (2004)
DOI: https://doi.org/10.1023/B:VISI.0000029664.99615.94
Resumo: O algoritmo SIFT (Scale-Invariant Feature Transform) introduzido neste documento continua a ser um método fundamental para a deteção e descrição de características locais em imagens.

9. "Histogramas de Gradientes Orientados para Deteção Humana"

Autor: Navneet Dalal e Bill Triggs (2005)
DOI: 10.1109/CVPR.2005.177
Resumo: Este artigo introduziu o descritor de características HOG (Histograma de Gradientes Orientados), que se tornou amplamente utilizado na deteção de objetos e no reconhecimento de peões.

10. "Deteção de objetos com modelos baseados em partes treinados discriminativamente"

Autores: Pedro F. Felzenszwalb, Ross B. Girshick, David McAllester, e Deva Ramanan (2010)
DOI: 10.1109/TPAMI.2009.167
Resumo: O Modelo de Peça Deformável (DPM) introduzido neste documento melhorou significativamente a precisão da deteção de objetos e tornou-se uma base para vários métodos de deteção.

11. "Hierarquias de características ricas para uma deteção de objectos precisa e semântica

Segmentação"

Autor: Ross Girshick, Jeff Donahue, Trevor Darrell e Jitendra Malik (2014)
DOI: 10.1109/CVPR.2014.81
Resumo: A estrutura R-CNN (Rede Neural Convolucional baseada na Região) proposta neste documento marcou uma mudança no sentido da aprendizagem profunda de ponta a ponta para a deteção de objectos.

12. **"Redes convolucionais muito profundas para reconhecimento de imagens em grande escala"**

Autor: Karen Simonyan e Andrew Zisserman (2014)

DOI: 10.1109/ACPR.2015.7486599

Resumo: A arquitetura VGGNet introduzida neste artigo demonstrou a importância das redes convolucionais profundas para a classificação de imagens.

13. **"Ir mais fundo com as convoluções"**

Autores: Christian Szegedy, Wei Liu, Yangqing Jia, Pierre Sermanet, Scott Reed, Dragomir Anguelov, Dumitru Erhan, Vincent Vanhoucke e Andrew Rabinovich (2015)

DOI : 10.1109/CVPR.2015.7298594

Resumo: A arquitetura Inception apresentada neste documento contribuiu para a compreensão do impacto da profundidade da rede no desempenho e introduziu a ideia de convoluções paralelas.

PERFIL DO AUTOR

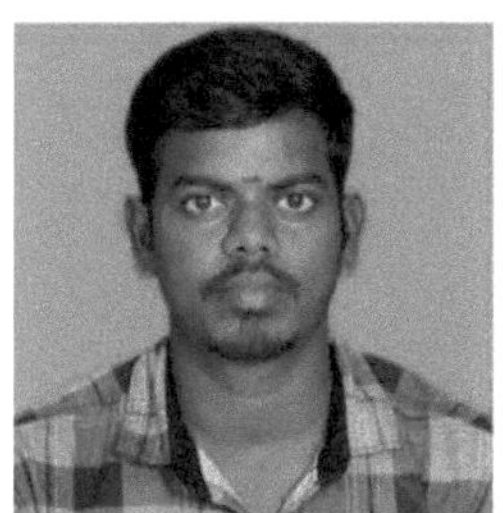

Vijayakumar G é um profissional de Informática com um mestrado pela Pavendhar Bharathidassan College of Engineering e um bacharelato pela Adhiparasakthi Engineering College. Tem conhecimentos de HTML, CSS, Java e PHP, bem como de sistemas operativos, engenharia de software e sistemas de gestão de bases de dados. Com experiência como executivo de negócios na Vabtech Solution e um papel como web designer e programador na Sarguru Infotech, Vijayakumar demonstra um conjunto diversificado de competências. A sua formação académica e o seu percurso profissional revelam uma base sólida em ciências informáticas e uma compreensão prática das linguagens de programação e áreas relevantes.

Praveena G é Professora Assistente na Faculdade de Engenharia V.S.B em Karur. Com uma sólida formação académica, Praveena tem um Mestrado em Tecnologias da Informação da Universidade Bharathidasan, Trichy (2013-2015), e um Bacharelato em Ciências e Engenharia Informática da Faculdade de Engenharia A.V.C, Mayiladuthurai (Universidade Anna, Trichy) (2008-2012). Com funções anteriores como professora assistente, administradora de sistemas e engenheira estagiária, Praveena adquiriu uma experiência diversificada. As suas competências abrangem sistemas operativos, bases de dados, linguagens de conceção de sítios Web e linguagens de programação como C, C++ e JAVA. Este conjunto de competências é complementado por conhecimentos especializados em redes informáticas e conceção de sítios Web.

Umamaheswari K tem um mestrado em Ciências e Engenharia Informática, um bacharelato em Ciências e Engenharia Informática e um diploma em Ciências e Engenharia Informática, todos da Roever Engineering College. Proficiente em C, C++, HTML, CSS e JavaScript, tem competências em MS Office, DBMS e vários sistemas operativos, incluindo DOS, UNIX e Windows. As suas competências em hardware abrangem a montagem de sistemas, a verificação e a análise de instalações. Com um enfoque na programação de sistemas e redes informáticas, a liderança de Umamaheswari, os cursos de desenvolvimento de carreira e o envolvimento extracurricular realçam a sua versatilidade. O seu percurso educativo e o conjunto diversificado de competências contribuem para a sua experiência neste domínio.

I want morebooks!

Buy your books fast and straightforward online - at one of world's fastest growing online book stores! Environmentally sound due to Print-on-Demand technologies.

Buy your books online at
www.morebooks.shop

Compre os seus livros mais rápido e diretamente na internet, em uma das livrarias on-line com o maior crescimento no mundo! Produção que protege o meio ambiente através das tecnologias de impressão sob demanda.

Compre os seus livros on-line em
www.morebooks.shop

Printed by Books on Demand GmbH, Norderstedt / Germany